天下·文化
BELIEVE IN READING

BWS183・科學天地

宇宙大哉問

20個困惑人類的問題與解答

FREQUENTLY
ASKED
QUESTIONS
ABOUT
THE UNIVERSE

豪爾赫・陳 Jorge Cham
丹尼爾・懷森 Daniel Whiteson——著

徐士傑、葉尚倫——譯

獻給奧利佛。

—— 豪爾赫·陳

獻給西拉斯和黑姿爾，
你們源源不絕的提問，
為本書的寫作帶來啟發也帶來干擾。

—— 丹尼爾·懷森

宇宙大哉問

──── 台灣版 ────

宇宙大哉問

目 次

常見問題介紹

每個人心中都有疑問。

「提問」是人類與生俱來的一部分。你我雖然是同一個物種，但是我們可能不會有很多共通點，譬如政治立場、最支持的體育隊伍以及半夜十二點最喜歡去的夜市。但我們在一件事情上有共通點，那就是求知的慾望。在我們內心深處都有許多相同的問題。

為什麼我不能回到過去？有沒有另一個版本的我？宇宙從何而來？人類存在了多長的時間？還有誰會和我一樣半夜十二點吃宵夜？

幸運的是，對於這些問題我們都有答案。

在過去數百年裡，科學取得了令人難以置信的進步。我們已經可以回答一些關於宇宙非常基本的問題。當然，宇宙仍然有許多巨大的謎團存在（請參閱我們之前的書《這世界難捉摸：霍金也想懂的 95% 未知宇宙》），但對於我們人類來說，我們似乎朝著正確的方向去理解跟宇宙相關的事情。

然而問題實在是太多了，以致我們覺得，是時候為人類一些最常見的問題，編制一份深入淺出的答案清單，並配合漫畫來詮釋。

在這本書中，我們將探索一些攸關人類存在最深刻最基本

的問題，這些問題跟人類對自己、地球和現實本身有關。譬如，外星人若存在的話，為什麼還未訪問我們呢？你在宇宙中是獨一無二的嗎？或者你只是外星電玩中的模擬程式？你是否會熬夜思考死後世界的可能性？所有這些問題的答案都在你手上的這本書裡。

　　本書每一章都包含一個常見問題。希望在回答問題時，能揭露一些超乎想像的真相，進而讓你瞭解令人驚嘆的宇宙。你可以把本書引人入勝的內容當作下一次雞尾酒會的話題，或者是坐在馬桶上的讀物（謝天謝地，我們把每一章都寫得簡單明瞭）。

　　你可能想知道，我們為什麼有資格來回答這些問題。請放心，我們絕對極有資格來討論這些特定主題，因為我們有一個 podcast 節目。

　　我們的 podcast 節目名稱十分低調，叫《丹尼爾和豪爾赫解釋宇宙》（Daniel and Jorge Explain the Universe），每週播放兩次，我們在節目中探討各式各樣的宇宙課題，從微波到星際現象，再到基本粒子假設，內容包羅萬象。

　　但真正激勵我們寫這本書的是聽眾的提問。對我們來說，回答聽眾問題是 podcast 節目裡最令人興奮的地方。我們每天都會收到許多好奇的聽眾所發出的電子郵件，郵件裡記載著許多深思熟慮的問題，沒有什麼比閱讀這些問題能讓我們的一天變得更加愉快。

　　我們真的收到了很多問題。提問者的年齡層廣泛（從九歲到九十九歲都有）、職業和地點也各不相同。你可能會感到驚

訝，連九歲的孩子都能夠提出「可觀測宇宙」的問題。

看來，提出問題、求知慾望就深植在我們的內心深處。許多人會說，生活的樂趣包含了探索宇宙的本質以及我們在宇宙中的位置。當然，我們可能會感到氣餒，因為我們可能無法立刻知道答案，或者就像本書的答案最終帶來更多的問題。但即使只是提出問題，也能獲得力量。

你看，提出問題並假設有可能找到答案，這是多麼美好的希望之舉。我們相信，有朝一日能夠揭開宇宙本身及宇宙所有奧祕，並理解它們的奇妙之處，這世界上還有什麼比這個信念更有希望的事情呢？

請加入我們吧！讓我們一頭栽入人類群體好奇心，並深入研究經常難倒人類的問題。有時候，會得到令人驚訝的答案，還可能會挑戰你對宇宙的看法。有時候，會得到令人痛苦的不完整答案，因為這些問題超越了人類知識的極限。

無論如何，請記住，最大的樂趣在於提出問題本身。

請享受這本書！

豪爾赫　　　　　　　　　　　丹尼爾

注：記得，別忘了沖水哦！

1.

為什麼我不能回到過去？

說實在的，哪位仁兄說你不能回到過去？

回到過去是一個非常普遍的願望，在我們之中，誰不想回到過去呢？我們可以和歷史名人對話，或親身經歷曾經發生過的重大事件。你可以弄清楚殺死甘迺迪的兇手，或找出造成恐龍滅絕的真正原因。

回到過去，也可以處理周遭的生活小事，修復曾經犯下的錯誤。如果你不小心把咖啡灑在褲子上，可以回到過去提醒自己：不要把咖啡灑出來。如果你曾對老闆說了一些令你自己後悔的話，你可以回到過去叫自己閉嘴。如果你點了加鳳梨的披薩，之後才覺得真的很難吃，可以回到過去改點道地的披薩。回到過去就像是宇宙的復原鍵（相當於 Ctrl+Z 或蘋果電腦的 Command+Z）。

然而到目前為止，科學家還沒有製造出讓我們回到過去的設備。過去的歷史仍然無法改變，時間仍然是我們最大的敵人，我們似乎注定要永遠後悔過去犯下的錯誤。在這個宇宙中，歷史是不能重來的。

　　但這是為什麼呢？為什麼我們可以試著改變未來，卻不能改變過去？是否有一個深刻的物理定律禁止時光旅行的可能性？或者只是當中有某個困難的技術問題？兩者之間又有什麼區別呢？

　　來！讓我告訴你一個好消息，你可能會感到喜出望外，物理學家其實並未排除時光旅行的可能性。嚴格來說，時光倒流確實有可能。雖然時光倒流不像你在電影中看到的那樣，但構建一個時間倒帶按鈕並不是不可能。事實上，在這一章末尾，我們會描述一個嶄新的時光旅行想法，而且這個想法已經獲得物理學家的認證。[1]

著名的時光機

時光機器[2]　　迪羅倫[3]　　時光器[4]　　主題標籤[5]
　　　　　　　時光機

---

*｜ 1　至少得到一位物理學家的認證。

　　所以戴上你的時光機護目鏡，準備好你的漂浮滑板和時光機，我們即將回答這個永恆的問題：為什麼我們還不能回到過去？

★實際 VS 可能 VS 不可能

　　首先，讓我們澄清一下，當我們問某事是否「可能」時，我們真正的意思是什麼。這取決於你向誰問這個問題。

　　如果你問工程師是否可以進行時光旅行，只要他們認為可以用低於一兆美元的預算來建造一台時光機器，並且在不到十年的時間內就能完成，他們會說：是。

　　但是，如果你問物理學家同樣一件事情，他們會以不同的方式看待這個問題。如果物理學家不知道哪個物理定律能阻止一件事情發生，他們就會說那件事有可能發生。

　　例如：

---

* 2　譯注：赫伯特・喬治・威爾斯（Herbert George Wells），通稱 H・G・威爾斯（H. G. Wells），1895 年創作科幻小說《時光機器》。

* 3　譯注：迪羅倫時光機（DeLorean time machine），為科幻電影《回到未來三部曲》使用的改裝道具車。

* 4　譯注：在《哈利波特：阿茲卡班的逃犯》中，妙麗因為課程衝堂，從麥教授那裡得到了來自魔法部的道具。

* 5　譯注：#ThrowbackThursday 通常簡化為 #tbt，是一種社交媒體標籤，用戶發布舊圖片懷舊時會附上。

任　　務	工程師	物理學家
用核武器烹飪火雞	很難，但也許可以	當然可以
烤山型大小的蛋糕	不行	完全有可能
在距離太陽表面 100 公里範圍內飛行	請不要做	沒有理由不行
挖空地心打造巨型 零重力遊樂園	我不幹了	同意

　　由於本書講的是物理和宇宙，所以我們採取物理學家的觀點。這意味著，我們在本章中的目標是弄清楚時光旅行有沒有違反任何宇宙定律，而不是時光旅行是否需要花費 14.7 億美元和數百年才能實現。我們相信，一旦物理學家宣布有可能時光旅行，工程師最終會想出一種方法實現時光旅行。然後下一步是把它交給軟體工程師，為時光旅行編寫出應用程式（最後只需下指令「Siri，不要讓我的咖啡灑出來」）。

　　要弄清楚時光旅行是否能得到物理學家的認可，首先我們就得用物理學家的思考方式來看待時間。時間是一門非常棘手的話題，已經困擾人們好長一段……嗯，時間。基本上，物理學認為時間是讓宇宙發生變化的東西。時間是讓過去變成現在的一種流動、移動及方式。時間可以將一系列靜止照片排序和組織成一部流暢的電影。

　　宇宙確實很順暢的在流動。宇宙不會突然發狂，從一個時刻跳躍到另一個截然不同的時刻。你不可能前一秒坐在沙發上讀這本書，然後下一秒就坐在沙灘上。那是因為過去限制了現在可能發生的事情。如果你剛才還在啜飲咖啡，那麼現在可能發生的事就包括你繼續享用咖啡或將咖啡灑在褲子上，但不包括你突然變身成藍色巨龍，然後喝著芹菜汁。

　　過去控制著我們可以擁有的未來，這就是所謂的「因果關係」。物理學試圖用邏輯來理解這個瘋狂、愚蠢、沾滿咖啡的宇宙，並搞懂宇宙如何變化，其中的核心就是因果關係。

　　因果關係的發生很平滑而且需要時間。宇宙中沒有什麼是瞬間發生的。每件事都相互關聯。當你想做披薩時，必須經由一段過程。你不能只是彈彈手指，就把麵粉、番茄和起司立刻變成披薩。宇宙要求你必須走過這些動作：混合配料、揉麵團、煮番茄、喝酒、烘烤等等。[6] 你必須遵循一些步驟才能從一個配置（原材料）到另一個配置（熱披薩）。時間是連接這些步驟的東西，沒有時間，宇宙就沒有意義。

---

*| 6　好吧，喝酒其實是不需要的動作。

　　有了對時間的理解，讓我們思考一些時光旅行的可能性。

★你不能回到未來

　　讓人想要進行時光旅行最誘人的原因之一，就是跳到過去並改變某些東西，希望因此影響未來。譬如，別把咖啡灑出來，或別購買百視達影業（安息吧）的股票，而改買 Netflix（網飛）。你會想要改變過去，然後跳回到現在，享受你操縱的成果。

　　這個概念有一個嚴重問題：它完全不合邏輯。

　　將時間視為宇宙如何流動（或如何烘烤披薩），我們很容易看出改變過去是無稽之談。假設你早上八點醒來，給自己沖了杯咖啡，一切都很美好，唯一的問題是咖啡不好喝。因此你決定跳進時光機器裡，回到今天早上八點，用茶來代替咖啡。

　　如果你是在電影中看到這個情景，那還算說得過去。但從物理學的角度來看，完全沒有道理。

　　從物理學的角度來看，一個存在於宇宙的配置（製造出難喝的咖啡）並沒有和過去的配置相連結。如果你用茶代替咖啡，那麼難喝的咖啡是怎麼做出來的？對於物理學家來說，這違反了因果定律：有果（難喝的咖啡）但沒有因（用泡茶代替沖咖啡）。換句話說，這就像你在沒有混合食材的情況下製作了披薩。

　　遺憾的是，先後配置沒有連結使得改變過去變得不可能。

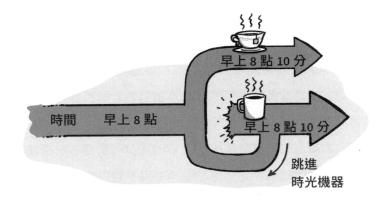

打破因果關係意味宇宙與自身不一致，這對物理學家來說是大忌。

現在，你可能會想，那分岔的時間線呢？替代的歷史呢？我在復仇者聯盟的電影中看到了這個情節啊！不幸的是，對於鋼鐵人（和《回到未來》的布朗博士）來說，這也是沒有任何道理。當最重要的變化取決於時間本身時，你怎麼能改變時間線，或者創造一條新的時間線呢？時間線代表變化，所以它們自己不能改變。科學家雖然認真的思考多元宇宙的概念，但是並沒有討論在替代宇宙之間移動或選擇的可能性。

根據多項原因，就物理學論述來說，你不能突然跳到另一個時間並改變事情，這意味你操縱股市和從物理學中致富的夢想只是一場幻影。[7]

---

*| 7　無論如何，從物理學中致富從來就是不切實際。

★物理學家在哪，辦法就在哪

嚴格的因果關係代表時光旅行不可能實現嗎？不是這樣的！嚴格的因果關係只代表不可能改變過去。如果我們只想回到過去而不做任何改變，可能嗎？答案是肯定的。假設你想看看恐龍，或者探究未來會是什麼樣子，這有可能嗎？根據我們目前對物理學的理解，完全有可能（千萬不要去問工程師可能性如何）。

要瞭解時光旅行的工作原理，你必須習慣於將空間視為不僅僅是空間。物理學家喜歡將空間和時間合併起來，非常直白的稱它們為「時空」。

我們習慣在地球表面附近的空間中行動，那裡的事情很簡單：你往上扔一個球，球會掉下來。你往旁邊走，身體就會往旁邊。地球上的時間也同樣簡單：時鐘向前運行，世界各地的時鐘彼此一致。

但是物理學告訴我們，在宇宙的某些部分，空間變得非常奇怪。在這些情況下，最好將空間視為與時間結合在一起。對於物理學家來說，我們不僅僅是在時間中穿梭，我們正在穿越一種叫做時空的東西。

時空很奇怪。時空會做一些我們難以想像的事情，時空可以彎曲，自行摺疊，甚至可以循環。

讓我們探索一下，奇怪的時空所允許的幾種時光旅行方式。

☆無限長的塵埃圓柱

　　根據愛因斯坦的說法，只要你周圍有一個質量很重的東西，時空就會彎曲。愛因斯坦覺得重力不是作用力，而是空間和時間的扭曲。例如，月球繞著地球轉，並不是因為地球的引力在牽引月球，而是因為地球質量彎曲了時空，月球繞著時空漏斗滑行，就像賽車在彎曲的軌道上繞圈子一樣。

　　質量不僅可以使空間彎曲；它還可以拉伸和擠壓時間。隨著時間的推移，奇怪的質量配置可以對時間做出令人匪夷所思的事情。例如，你可以製作一個無限長的旋轉塵埃圓柱，在那個奇怪的旋轉塵埃柱附近，時間和空間會以特定方式彎曲，讓你在時間中循環移動。這代表一個物體有機會沿著某條特定路徑行進，回到物體開始的時間與地點。

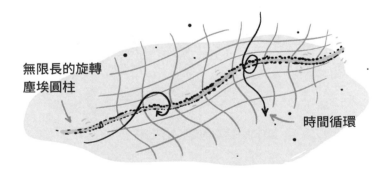

無限長的旋轉
塵埃圓柱

時間循環

☆蟲洞

　　我們現代版的時空也可以用其他奇怪的方式彎曲和扭曲。時空可以摺疊到自身上，並在時空的不同點之間形成一條隧道或一條捷徑。這條捷徑又稱為「蟲洞」。你可以將蟲洞視為時空的扭曲或重新排列，將兩個不同的時空點連接在一起。

　　大多數人認為蟲洞連接不同的空間點（這使得蟲洞有助於前往遙遠的星系），但理論上，蟲洞也可以連接不同的時間點。請記住，這一切都是稱為「時空」的大東西。蟲洞不僅可以帶你去鎮上最喜歡的珍珠奶茶店，還可以帶你回到珍珠奶茶流行之前。

時間

如何用蟲洞進入未來

★無法重新再來？

我們在前面提到兩種時空旅行的可能性，兩者之間有著相同的驚人之處，兩者都允許時光旅行，而且不會違反物理定律。只要你不試圖改變過去，你就可以在彎曲的時空中四處遊走，兩種方式都可以帶你回到過去（或是進入未來）。

需要注意的是，這些方法會將你帶到之前所在的同一個時空（你只是走捷徑，或者循環了），這意味著即使你想改變過去，也是枉然。也許你確實會回到過去，告訴早上八點的自己不要沖咖啡，但在回到過去之前，你應該要記住這一點：你們都在同一條時間線上。事實上，你沖了很難喝的咖啡，而且不記得遇到未來的自己警告過你，也就是說，你未來的自己從一開始就沒有回到過去。

我們真的可以這樣做嗎？其實物理學家並不知道！這屬於

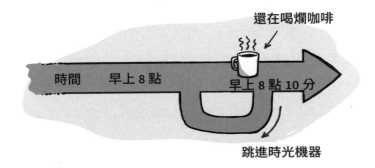

「我們不知道它是否不可能 *8，但據我們所知，它是完全不切實際」的範疇。沒有人建造過無限長的塵埃圓柱，也沒有人知道如何找到蟲洞，更不用說打開並控制它們了。但很酷的是，「我們不知道它是否不可能」意味它仍然有可能，雖然你不能阻止咖啡灑出來，但你仍然可以觀賞恐龍，或看看未來是什麼樣子。

★順其自然

雖然有可能做時光旅行，但它不是你所期待的那種類型。對於不能改變過去，你可能會有點失望。當然，觀賞活生生的恐龍可能很酷，但是，如果你必須在褲子上灑滿咖啡的情況下看著恐龍，還會有多少樂趣呢？

為此，我們現在很自豪的向你展示一個全新的想法，它能做出不同類型的時光旅行。它實際上可以讓你擁有一個復原按鈕，而且不會破壞因果關係。哦，這想法當然是本書專有的，我們還花了幾個小時來構思。嘿！別小看它，所有偉大的物理學想法都必須從某個地方開始，此外，我們之中至少有一個是受過訓練的物理學家。

你準備好了嗎？請接著看：如果我們可以逆轉時間流動會發生什麼事？

---

* 8 我們應該說明一下，有一些物理學家認為愛因斯坦的理論有一點小錯誤，也認為時間循環是不可能的。

物理學有很多定律，決定了宇宙如何隨著時間變化。但是，所有定律都只假設時間流逝，並沒有真正告訴我們時間之流如何運作。例如，我們不知道時間為什麼只往一個方向（向前）流動，而不是往另一個方向前進。事實上，我們不確定時間是否必須向前推進。因為在前後兩個時間方向上，所有的物理定律幾乎都是完美對稱的。

有一兩條物理定律，似乎在時間前後方向上有所不同。例如「熱力學第二定律」，隨著時間推移，系統的有序狀態往往會降低，熱量會散開。所以玻璃杯摔破的可能性大於沒破的可能性。

但熱力學第二定律實際上並沒有說時間只能向前推進。這項定律只是說如果時光倒流，混亂就會減少。看到這裡，你可能覺得很奇怪，我們雖然從未見過時光倒流，但物理學不能排除它的可能性。

這給我們帶來了一個新的想法：為何不建造一台機器，它可以有選擇的逆轉時間流動呢？例如，這台機器可以逆轉內部的時間流動，但是機器本身不會旅行或去任何地方。對於待在

外面的人來說，機器只是放在那裡，以後還是會在那裡。但在機器內部，規則有所不同。當機器外部的粒子沿著時間向前行時，機器內部的粒子會逆著時間做相反的事情。

如果你能以這種方式控制時間流動，就有可能撤銷某些已經發生的事情。例如，你可以將辦公室安裝在機器內，並設置機器為正常時間流。一旦你在任何時候灑了咖啡，就可以告訴機器讓時光倒流一些。宇宙其餘部分會繼續正常流動，但在機器裡面，你的咖啡不會灑出來。當機器切換回正常時間流時，你會發現自己穿著乾淨的褲子。當然，你的想法也會倒轉，所以你可能有必要在機器外面給自己留言，提醒自己在倒咖啡時要更加小心。

我們可能很難區分「回到過去」和「在特定地點逆轉時間流動」的差異，但從物理學角度來看，兩者的區別十分重要。你或機器並沒有旅行到不同的時間（從而打破因果關係）；你只是在密閉空間中逆轉時間流動。若把時間的流逝比擬成一條大河，時間倒轉就像是大河內的小渦流，在不同地方產生了暫時倒流。

如果這種情境對你來說不太容易想像，讓我們將這個虛擬技術提升到另一個水準。如果你製造了一台足夠強大的機器來做相反的事情，除了機器內部之外，這台機器可以逆轉整個宇宙的時間流，會發生什麼事呢？你可以爬進機器，啟動按鈕，看著你周圍的整個宇宙時光倒流。當你從機器出來時，你會來到一個實質上而言更年輕的宇宙（雖然宇宙逆齡了，但你沒有）。

哦，好棒的嘟嘟嘴。

時光旅行自拍

你能夠在這個年輕版本的宇宙中做哪些事呢？你可以購買 Netflix 的股票，或者和甘迺迪一起出去玩，或者放棄喝咖啡。[*9]

回到過去是一個瘋狂的想法嗎？是的，確實瘋狂。我們知道如何讓時光倒流或者讓熵減少嗎？不，我們不知道。回到過去可以實現嗎？不，我們不清楚。回到過去到底可不可能呢？根據已知的物理學，我們無法排除可能性！

也就是說，諸位工程師，接下來就交給你們了。

---

*| 9　說實話，如果你早點放棄喝咖啡，我們可以省下很多麻煩。

2.

為什麼外星人還沒有拜訪我們？
或許他們來過了？

對於外星人來到地球，你是興奮還是害怕？

我們完了！

耶！

作者尊重不同的反應

　　如果外星人造訪我們，就會有很多令人興奮的事情。想想看：如果外星人能夠穿越浩瀚的宇宙找到我們，那說明他們比我們先進多了。想像一下，我們可以問他們哪些問題！宇宙如何運作，又如何開始？你們如何想出星際旅行的方法？為什麼有些人會在披薩上放鳳梨？

　　如果外星人出現並直接告訴我們答案，這不是很神奇嗎？

我們可以跳過數百、甚或數千年艱苦的物理工作[1]，現在就得到答案。

但稍等一下。如果外星人來訪，結果並不像我們希望中的美好呢？先進外星文明一旦來訪，可能會導致我們的生活陷入可怕的困境。看看人類歷史就知道了。當一個先進的文明遇到另一個落後的文明時，通常會發生什麼？他們會不會跟我們分享他們的知識財富，並且和睦的喝下午茶？不。對於「被探索」的文明來說，事情的發展通常不如預期。

無論好壞，相遇仍然是件大事，我們不禁想知道：為什麼外星人還沒有拜訪我們？畢竟，宇宙中存在其他外星生命的可能性非常大。

在我們的銀河系中就有數量驚人的恆星（大約兩千五百億顆），並且有數兆個（如果不是無限多的話）星系。大約五分

---

[1]　拜託，坐著喝咖啡也是很辛苦的工作耶！

[2]　編注：典故出自道格拉斯・亞當斯的《銀河便車指南》，書中指出「生命、宇宙及萬事萬物的終極答案是 42」。

之一的恆星擁有一顆與地球相似的行星，這意味有數以億計（前提是星系並非無限多）的生命發展機會。地球是宇宙中唯一一個有生命、甚至智慧生命形成的地方，可能性微乎其微。

那麼，為什麼外星人還沒有拜訪我們呢？他們是在躲避我們，還是因為宇宙太大而不能做社區訪問？他們到底會如何找到我們？

為了弄清楚這一點，讓我們看看四種可能的情境。

★情境一：他們已經聽到了我們的聲音，正在來地球的路上

一種可能性是外星人已經聽到我們的聲音，正在來地球的路上。也許外星人是很好的聽眾，他們已經聽到我們無意中向太空傳輸的廣播和電視節目。受我們的幽默和文化吸引並深深著迷，立即啟動了飛船，直接向我們駛來。

　　物理學對這種情境有什麼看法？外星人有沒有可能偵測到
我們的訊號？時間已經足夠讓他們到達這裡了嗎？

　　這個情境有個限制，也就是我們播放廣播訊號的時間並沒
有很長。人類大約在一個世紀前，才開始播放廣播、電視和其
他訊號。當你堵在回家的路上時，光速對你來說也許非常快，
但太空非常大。因此，即使是光速，訊號也需要很長時間才能
到達任何可能的外星世界。

　　即使他們聽到了我們的訊號，也需要很長時間才能來拜訪
我們。

　　讓我們想想關於外星人旅行的物理學。我們首先假設他們
有某種宇宙飛船，飛船能以光速的一半（大約是每秒 1.5 億公
尺）飛行。你可能會擔心加速到如此高速要花很長的時間，但
令人驚訝的是，加速時間只是整個旅程的一小部分。外星人可
能像我們一樣軟弱無力，在數倍於地球重力加速度下，無法承
受力道而變成壓扁的布丁。即使不用如此高的加速度，在大部
分的旅途時間裡，他們仍然可以用最高速度行駛。例如，在
不到一年的時間內，以適當的 $2g$ 加速（地球重力加速度的兩

倍），飛船就可以達到光速的一半 [3]。

　　現在讓我們算一算。由於我們只傳輸廣播訊號大約一百年，所以任何能很快到達地球的外星人都必須生活在距離我們大約三十三光年的範圍內。這是因為我們的訊號以光速到達那裡需要三十三年，而且大約六十六年的時間讓他們乘坐宇宙飛船（我們假設它能以光速的一半前進）過來。在這種情況下，任何生活在距離我們三十三光年以外的外星人都沒有機會到達這裡，因為時間不夠讓他們獲得訊號並開始旅行。

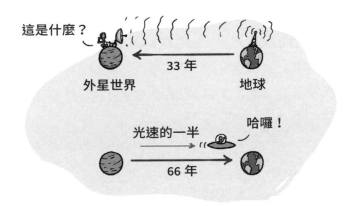

　　那麼，距離我們三十三光年以內，是否有外星人存在？
　　我們知道離我們最近的恆星系統（比鄰星系統）只有四光

*| 3　譯注：普通人可以輕易承受高達 3g 的加速度。若你以 2g 固有加速度（19.6 公尺／秒 ^{2}）沿著直線前進，對地球上的觀察者而言，你需要花費 102 天達到一半光速。對正在移動的你而言，時間只過了 97 天。請參閱《這世界難捉摸：霍金也想懂的 95% 未知宇宙》第十章。

年多一點。比鄰星系統裡有一顆恆星恰好有一顆行星跟地球一樣大。如果那裡有外星人聽到了我們的訊號，他們會有足夠的時間跳上宇宙飛船來拜訪我們。那麼他們為什麼沒有呢？一種說法是：他們在等待 2010 年播出的《Lost 檔案》系列結局，節目會在 2014 年才到達他們星球。那麼我們可以期待他們在 2022 年來到地球抱怨它的結局。

如果我們看得更遠呢？在三十三光年內，我們知道只有三百多個恆星系統，其中大約 20% 的恆星可能有一顆類地行星（定義為與地球大小相似，與恆星有舒適距離的行星）。這意味可以聽到我們最早的廣播訊號，並且現在已經向我們派遣外星人代表團的類地行星，大約有 65 顆。

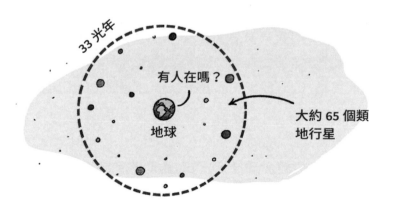

但他們沒有來。為什麼？

當然，外星人聽到了我們的訊號卻不來拜訪的原因有很多。也許他們不喜歡他們聽到的，或者只是不感興趣，或者單

純因為懶。很難想像一個智慧文明，可能和我們自己的文明一樣孤立，卻不會抓住機會接觸、至少查看或回應它的鄰居。

外星智慧文明沒有對我們的廣播訊號做出反應造訪地球，或許表明了一個更明顯的事實：在離我們如此近的距離內，沒有任何外星智慧文明。這個事實告訴我們，在鄰近行星中發現高級智能生命的機率可能小於 2/65（我們和另一個文明）。這似乎是最可能的解釋。畢竟，回顧地球上生命的歷史，以及我們文明的不穩定，我們存在的機率甚至比 1/32.5 小得多。

★情境二：他們偶然發現我們

如果沒有外星人來拜訪我們，是歸咎於收聽距離內沒有任何外星人，那麼也許我們需要考慮其他原因，或想想外星人可以找到我們的其他方式。畢竟，我們的廣播訊號到達範圍只有銀河系的一個小泡泡大：訊號的半徑大約一百光年，而銀河系的寬度超過十萬光年。大部分的銀河系不知道我們在這裡一點也不奇怪。

生活在我們廣播訊號範圍之外的外星文明，還有什麼理由來拜訪我們？

嗯，銀河系已有數十億年的歷史。如果有一個非常先進的外星物種喜歡探索會怎麼樣？如果他們已經探索了數千或數百萬年，他們有多少偶然的機會發現我們？

有點難以想像為什麼外星物種會花這麼多時間探索銀河系。也許他們正在尋找好的電視節目，或者他們正在尋找美味

的新小吃（希望不是我們），或原料，或新的定居點。誰能猜出十億年古老外星文明的動機呢？但不管原因是什麼，讓我們假設他們就在那裡並且正在尋找。

外星人能找到我們嗎？

讓我們對外星人的探索計劃做一些假設。首先，外星人將使用宇宙飛船。他們需要派出多少飛船，並且需要多少年才能訪問銀河系中的每一個行星？

我們知道，平均而言，每 1,250 立方光年的空間大約有一顆類地行星。有時你可以在同一個恆星系統中找到兩顆這樣的行星；有時候，它們之間距離約五十或一百光年。對於長途航行，重要的是平均值，而平均值約為十一光年。

如果他們的每艘探索船都以光速的一半行駛，那麼每艘船從一顆行星到另一顆行星需要二十二年的時間。這意味著如果只發射一艘船去探索整個銀河系，大約需要一兆年時間才能訪問銀河系中的每一個類地行星。如果他們的使命是尋找美味小吃，那麼他們不可能在小吃變冷之前回家。

好消息是，你可以藉由發射更多飛船輕鬆加快探索速度。

只要飛船從不同的方向出發並且不重疊，發射的飛船愈多，可以探索的行星就愈多。

如果你發射一千艘飛船（大概是從某個中心位置），大約可以在十億年內訪問銀河系中的每一個類地行星。隨著你發射更多飛船，探索銀河系所需的時間就愈少。如果你發射了一百萬艘飛船，那將花費一百萬年的時間。如果你發射了十億艘飛船，探索時間會下降到大約五萬年。當發射到十億艘飛船之後，更多的飛船就沒有多大的幫助，因為這些飛船仍然需要相同的時間（大約五萬年）才能到達銀河系邊緣。

探索銀河系的時間（年）

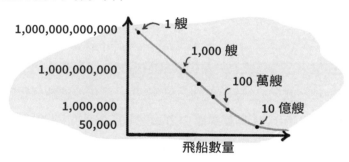

發射了 10 億艘宇宙飛船的圖表

乍聽之下，五萬年的時間似乎很長，但與銀河系的年齡（一百三十五億年）和地球的年齡（四十五億年）相比，根本不算什麼。

這意味著，如果有外星文明正在積極訪問其他行星，並且有資源建造一支龐大的探索船隊，那麼他們拜訪地球的可能性

非常高。一旦船隊在銀河系中散開來，他們可以在不到五萬年的時間內訪問每一個行星。事實上，如果他們堅持尋找完美的小吃，他們可能會經常來地球。

　　而且在我們的假設中，這樣的先進文明只有一個。如果有很多先進文明在探索呢？那麼，某某外星人，無論是哪一個，偶然發現我們的機率會更高。

喂，我們先來的！

　　那麼，至今還沒有外星探索飛船造訪我們意味什麼？做為一個物種，我們已經足夠聰明，至少在一萬年前就瞭解我們周圍發生的事情（有記載的歷史可以追溯到大約五千年，洞穴壁畫可以追溯到四萬四千多年前）。如果有這樣一艘探索船來訪，你現在應該已經聽說了。

　　據我們所知，並沒有向外探索的外星人訪問過我們，這一事實告訴我們，也許沒有外星文明在做星系探索。也許沒有外星人訪問我們的原因無關乎物理學或生物學，更關乎經濟學：也許太空太大，恆星距離太遠，所以探索和訪問銀河系中的其他行星沒有多大的意義。

★情境三：外星人絕頂聰明

好吧，對於任何外星文明來說，建造一支由十億艘飛船組成的龐大艦隊可能要求太多了。更何況建造和配備十億艘飛船的工作只是為了尋找新的小吃，工程未免也太浩大。那到底還要怎樣，才可能讓外星人找到我們？

嗯，還有另一種可能的情境，但它需要一些天馬行空的想法。如果外星人超級聰明，聰明到想出了更有效率的方法來探索銀河系呢？

那就是：外星人建造了會自我複製的探索飛船！

想像一下，飛船飛入太空，然後自己製造了更多的飛船。你可以從一些這樣的自動飛船開始，然後將它們送往附近的恆星系。當它們到達時，第一份工作將是在恆星系中尋找生命。為了避免起飛和著陸的麻煩，你可以給它們配備強大的相機，讓它們從太空拍攝行星表面的照片。

接下來，它們將尋找自我複製所需的原料。例如，我們的太陽系有大量金屬和漂浮在小行星帶中的燃料成分：大塊的鐵、金、鉑和冰。一艘人工智慧控制的飛船可以蒐集自我複製所需的原料，並為自己的幾個副本（比如五個）提供燃料。然後這五艘新船可以向新的方向發射，重複循環。

這種策略使得飛船數量呈指數增長。如果你從五艘飛船開始，那麼這五艘飛船就會變成二十五艘。第五輪之後，你將擁有三千一百二十五艘飛船。第九輪之後，你就有近兩百萬艘飛船，僅僅十三輪之後，飛船的數量就超過了十億艘。

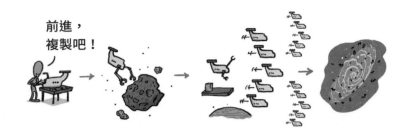

前進，
複製吧！

　　這意味單一的智慧外星文明只要建造五艘飛船發送出去，就可以在不到一百萬年的時間內探索整個銀河系。這個方法更加經濟實惠，突然之間，一切都變得可行。

　　當然，自我複製好像是相當複雜的技術，但人類工程師其實也在考慮。我們離這一步還差得很遠，但對於一個更古老、更先進的文明來說，這也許是可能的。或許再過幾百年，即使是人類也能造出這樣的船。誰能斷言呢？

　　重要的是，只需要一個文明就可以創造出十億艘爆炸型成長的飛船。這意味著，如果有外星人，而且足夠聰明，那麼一艘能自我複製的飛船來造訪我們的可能性就相當高。

　　當然，我們還沒有看到任何自我複製探測器到達，並宣布自己來到了地球，這樣的事實可能代表很多事情。也許外面沒有能使用自我複製技術的先進文明存在，而要靠我們來發展這個想法。或者，也許某個地方確實有先進的文明，但他們認為這是一個可怕的想法。

　　畢竟，也許他們並不想讓我們知道他們的存在。

★情境四：他們來過了？

　　在上述所有情境中，我們做了一個小小的假設：當外星人到來時，他們將大張旗鼓的宣布自己的到來，開啟一個新的物種和諧（或物種征服）的時代。

　　但是，如果附近的外星人或外星探險家或自我複製探測器已經訪問過地球，但我們沒有注意到呢？也許他們來得太早了。地球上的生命已經存在了數十億年，但能夠識別和記錄外星人造訪的智慧生命只有幾萬年的時間。如果我們錯過了他們呢？如果他們來了，而我們的文明還在牙牙學語的階段，該怎麼辦？

　　如果這是真的，沒有必要覺得我們錯過了。畢竟，有充分的理由認為他們會再回來。因為生命在地球形成後不久就開始了，他們幾乎肯定會在第一次訪問地球時就注意到生命正在醞釀，這讓他們有理由回頭再看看我們。請記住，一支大型船隊每五萬年就可以探索一次銀河系，所以也許我們只需要再等一下，公車就會再繞回來。

　　但是等一下。如果我們沒有注意到他們來訪，是因為他們不想讓我們知道他們來過呢？如果他們不想和我們交談呢？如果我們的基本假設有錯，他們不是在尋找可以一起玩耍的人呢？銀河探索的物理學不能排除偷偷摸摸或害羞的外星訪客。也許他們知道最好不要到處和有潛在危險的外星物種打交道。（是的，如果帶來壞消息的外星人可能是我們呢？）我們不能指望瞭解外星人的思考方式。

　　總而言之，外星人還沒有訪問過我們（或者是他們沒有告訴我們他們訪問過我們）的原因有很多。銀河系相當大，宇宙更大，對於智慧生命存在的機會，我們還有很多不知道的地方。還有一種可能性是，我們是銀河系（或宇宙）中最聰明的物種，其他外星人不太可能在近期拜訪我們。

　　如果是這樣的話，也許就應該由我們去拜訪其他外星人。即使不是為了純粹的探索樂趣，至少也該為了小吃出發吧！

3.

還有另一個你嗎？

如果世界上某個地方有另一個版本的你，會不會很奇怪？

你們兩個之間有很多共通點，喜歡吃的水果（香蕉）、不喜歡吃的水果（桃子）、擁有同樣的技能（製作香蕉冰沙）和相同的缺點（香蕉冰沙吃了停不下來）、同樣的記憶、幽默感以及個性。當你知道有其他版本的你存在時，你會覺得很怪異嗎？你會想與他們會面嗎？

想像一下更詭異的情況：有個人幾乎和你完全一模一樣，僅稍稍有些不同。如果這個人比你更好呢？也許他做的水果冰沙更加美味，或者生活的方式更有意義。或者，這個人比較沒有才華，但是比較卑鄙，就像是邪惡的分身呢？

這有可能嗎？

雖然讓人難以想像，但物理學家不能排除另一個你存在的可能性。事實上，物理學家不只認為另一個你是可能存在的，甚至認為另一個你存在的可能性更高。也就是說，就在此刻，當你讀到這篇文章時，可能有另一個你正在某個地方，穿著和你一樣的衣服，以相同的方式坐著，甚至讀著同樣的一本書（好吧，也許是稍微有趣的版本）。

要瞭解另一個你存在的意義及可能性，我們得先考慮你的存在有多麼獨特。

★你存在的機率

乍看之下，世界上有另一個與你毫無二致的人，機率好像是微乎其微。畢竟，想像一下，為了讓宇宙創造你，有多少事情必須發生，而且要環環相扣，缺一不可。

超新星必須在氣體和塵埃雲附近爆炸，藉著震動造成引力崩坍，形成我們的太陽和太陽系。這些塵埃中的一小塊（不到萬分之一）必須聚集在一起形成行星，並與太陽保持合適的距離，這樣水就不會結冰或變成蒸汽。生命一定要開始，恐龍必須滅絕，人類不得不演化，羅馬帝國必須崩潰，而你的祖先必須逃過黑死病。然後，你的父母必須相遇並且喜歡上了彼此。你的母親務必在正確時間排卵。在與數十億顆精子的馬拉松游泳賽中，帶有你一半基因的精子必須衝刺獲勝。單單是讓你誕生，就需要這一連串事件。

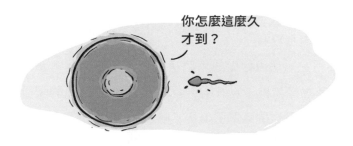

你怎麼這麼久才到？

　　想一想你在生活中做出的所有決定，使你成為今日的你。你有沒有吃很多香蕉。你有沒有遇到那個重要的朋友。你那時候決定待在家裡，否則會被水果推車碾過。不知何故你發現了這本關於宇宙的蠢書，並決定閱讀它。所有的一切，都從四十五億年前開始，導致了你此時此刻在這裡存在。

　　假如所有事情以完全相同方式再次發生，從而造就另一個你的機會有多大？這似乎不太可能，對吧？

　　也許不是喔！讓我們回溯所有導致你出現的隨機事件、決定和時刻，並試著計算機率是多少。

　　讓我們從今天開始算起：你醒來後做了多少決定呢？你可能決定怎樣起床，穿什麼衣服，吃什麼早餐。即使是看起來很小的決定，也可能改變你的人生歷程。例如，你選擇穿有香蕉圖案的襯衫或者是領帶，可能影響你未來的配偶有沒有注意到你。

　　讓我們假設，你每分鐘大約會做出一兩個可能改變人生的決定；這聽起來好像很有壓力，但如果你贊同量子物理學和混沌理論，數字應該會更高。假設每分鐘只有幾個決定，那麼你每天就要做出數千個重要決定，每年就高達約一百萬個。如果你超過二十歲，人生到目前為止，就已經做出超過兩千萬個決定，才會有今日的你。

　　接下來，假設你做的每個決定只有兩種可能，例如 A 或 B，或者香蕉和桃子。好啦，我知道通常要選擇的項目很多（譬如，早餐店的菜單選項多不勝數），但讓我們簡化問題。要計算那兩千萬次決定而成為你的可能性，你必須取 2 的兩千

萬次方，即 $2^{20,000,000}$。

為什麼？因為每做一次決定就會讓可能的數目加倍。舉例來說，你必須選擇從哪邊（左邊或右邊）下床、早餐吃什麼水果（香蕉或桃子），以及上班搭什麼交通工具（火車或公車），總共就有 $2 \times 2 \times 2$（或 2^3）種開啟一日行程的方式。你從左邊下床、吃香蕉並坐公車的機率是 2^3 分之一，或說 8 分之一。

因此，如果你在生活中做出兩千萬個 A 或 B 的決定，那就意味你的生活可能有 $2^{20,000,000}$ 種不同的結果。這真是一個驚人的數字，是吧！但我們才剛開始暖身而已！

我們還必須考慮你的出生機率，包含你父母做決定的可能結果。如果將你父母的決定算進來，就必須再加上四千萬個決定（你父母各兩千萬個）。再加上你四個祖父母，還有八千萬個。曾祖父母呢？還有一億六千萬個。你瞭解了嗎？每回推一個世代，祖先數量就增加一倍，影響你出生的決定數量也跟著加倍。人類已經在地球上生活了至少三萬年，或許可換算為大約一千五百個世代。若將你所有祖先全部考慮進來，可能的數量會更龐大。

我可以抱怨所有一切都是父母造成的嗎？

　　其實，真要計算起來實際情況更加複雜，如果回溯得夠遠，你會發現親戚之間盤根錯節的關係，同一個人可能在你的家譜中重複出現，除了引發令人尷尬的話題之外，也讓數學計算變得更加複雜。為簡單起見，我們假設你每代只受到兩個人的影響。這仍然有 1,500 代 × 2 人 × 2,000 萬個決定 = 600 億個決定。及至目前為止，你發生的機率是 $2^{60,000,000,000}$ 分之一。

　　只算到這裡就夠了嗎？讓我們考慮人類史前歷史並回溯到數十億年前最小微生物演化之時。在大約三十五億年前，地球上的生命開始孕育。如果你不得不製作年代如此久遠的家譜，就會發現祖先主要是微生物和簡單植物。他們大概無法做出有意識的決定，但仍會遭受到隨機事件影響，諸如風如何吹動，陽光是否照耀，天降甘霖與否等等。假設你的微生物祖先每天至少受到一個隨機事件影響，每個隨機事件也有兩種可能結果（例如，一塊石頭是否砸落在你的微生物祖先身上）。這意味我們必須將另外一兆（1,000,000,000,000）個決定事件添加到我們的機率中。

　　現在，讓我們回到四十五億年前太陽系剛形成的時候，

找到你的構成原子之前所在的恆星或行星，然後再一路回到一百四十億年前的大霹靂。讓我們做個超級的低估，假設在那些日子裡，每天都發生了一件可能影響你來到人世的重要大事。直到今日，大約有一千兆個關鍵事件，你存在的機率陡然劇降到約 $2^{1,000,000,000,000,000}$ 分之一。

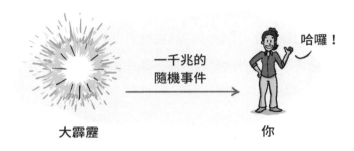

★不太可能但並非不可能？

$2^{1,000,000,000,000,000}$ 是個非常龐大的數字。試著想像數字 1 後面有三百兆個零 [*1]。我們的腦袋甚至無法理解這麼大的數字。相比之下，整個可觀測宇宙只有 2^{265} 個粒子 [*2]。要獲得 $2^{1,000,000,000,000,000}$ 個粒子，你必須將整個可觀測宇宙的粒子數取約四兆次方。

---

*   1　譯注：2 的 N 次方的位數是 $[N \log 2] + 1$（[ ] 表示取整數），因此 2 的 1,000 兆次方的位數為 3×10^{14}，即 300 兆位數。
*   2　譯注：可觀測宇宙的粒子數約為 $10^{80} \sim 10^{90}$，詳閱《這世界難捉摸：霍金也想懂的 95% 未知宇宙》第十五章。

　　當你的媽媽說：「你是個小奇蹟」，她不是在開玩笑！與你完全一樣的人曾經存在或再次誕生的機會是 $2^{1,000,000,000,000,000}$ 分之一，也就是幾乎為零。如果你再次誕生，就像擲一個有 $2^{1,000,000,000,000,000}$ 面的骰子，卻幸運得到兩次相同的數字。你可不想把房子當賭注押在這麼低的機率上。

　　既然如此，物理學家怎麼會認為另一個你可能存在呢？好吧，我們生活在一個奇幻的現實中，實際上有幾種不同方式可以讓另一個你存在，在其中一種情境中，你可以真的與他們相見（邪惡分身背景音樂響起：噠—噠—噠噠—[*3]）。

★多元宇宙

　　如果很難想像在這個宇宙中可以存在另一個你，那麼我們也許必須到其他地方處尋找愛吃桃子、愛搭火車的你。

　　許多物理學家深深著迷於「我們的宇宙事實上可能不是唯一」的想法，並認為實際上有多個宇宙。在這些宇宙中，是否能找到另一個版本的你？這個概念稱為「多元宇宙」。諷刺的是，物理學家所提出的多元宇宙也有諸多不同版本。

---

*　3　編注：此音效泛用於戲劇裡的驚人轉折處，讀者可用「dun dun dun dramatic sound effect」做為關鍵字上網搜尋。

☆「不同宇宙」多元宇宙

在多元宇宙某個版本中，宇宙的數量無限大，我們的宇宙只是其中之一。值得注意的是每個宇宙都有點不同。

你瞧，如果仔細觀察我們的宇宙，會發現很多事情看起來很隨意、有點奇怪。例如，控制宇宙如何膨脹的宇宙常數恰好是 10^{-122}。為什麼是這個確切的數值而不是其他數字？據我們所知，宇宙常數可以是不同的數值，但沒有明顯的理由不能是它，這讓物理學家非常不舒服。對於物理學家來說，事出必有因，把宇宙常數 10^{-122} 視為「就是這樣」會把他們逼瘋。

物理學家認為，唯一有意義的解釋是，其他宇宙都有不同的數值。以多元宇宙的宇宙常數為例，其中一個也許是 1，另一個是 42，每一個都是隨機值，而我們碰巧得到了一個奇特的數值。如此一來，我們的宇宙常數是 10^{-122} 並不奇怪。我們只是無限宇宙中的一個隨機樣本。

在其他宇宙中，有沒有另一個你呢？這很難說。

如果你稍微更改其中一個基本參數，宇宙會產生多大變化呢？在些微差異的宇宙中，生命有可能以同樣的方式發展嗎？看起來是有可能的，只要另一個宇宙的差異非常小（例如，與我們的宇宙常數僅相差 $10^{-1,000,000,000,000,000}$ 個百分比），就可以誕生另一個版本的你。但這引出另一個不同的問題：如果在一個完全不同的宇宙中，還可能有個版本跟你完全一樣嗎？

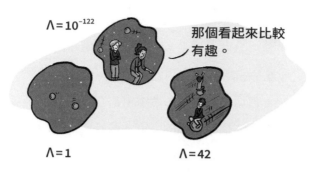

不是所有宇宙都一樣

☆量子多元宇宙

　　多元宇宙假說的另一個版本是「量子多元宇宙」。這個版本試圖解釋我們宇宙的另一件怪事：量子力學的奇異隨機性。

　　根據量子力學，每個粒子都有其固有的不確定性。例如，你如果向一個粒子發射電子，不可能提前知道電子會向左彈或向右彈。找出答案的唯一方法是實際發射電子，並接著量測反彈方向。

　　究竟是什麼原因導致電子往左或往右反彈呢？在這裡，我們再次遇到逼瘋物理學家的情況：無因有果。電子選擇走哪條路只是因為「就是這樣」嗎？粒子之間決定如何交互作用也都只是因為「就是這樣」嗎？

　　「就是這樣」的說法也許可以敷衍三歲小孩，但對於心繫宇宙大哉問的物理學家來說，遠遠不夠。歡迎進入量子多元宇宙。

　　如果當一個電子必須選擇向左彈或向右彈時，宇宙會一分

為二嗎？在其中一個宇宙中，電子向左走，而在另一個宇宙中，電子向右走。如果在這兩個宇宙中，粒子再次發生交互作用，宇宙會繼續分裂並產生更多宇宙嗎？你相信嗎？對物理學家而言，量子多元宇宙更有道理，因為這代表宇宙不是隨機的。為什麼電子向左走？因為在另一個宇宙中，電子向右走。兩條路徑都有電子走過，隨機性不復存在。

這對我們尋找另一個你有何啟發？如果量子多元宇宙是真實的，肯定有另一個版本的你存在。事實上，如果粒子每次做出「左或右」決定時都會創造新的宇宙，那麼你會一直不斷的誕生。在量子多元宇宙中，不只有一個你，而是有無數的你，當我們說話時，有更多的你正被創造出來。

當然，有些宇宙可能在很久以前，甚至早在大霹靂之前，就已經被創造出來了，這些宇宙可能與我們的宇宙截然不同，以致不存在你的任何版本。也許在早期宇宙中，電子向左轉比向右轉重要，以致我們無法識別多元宇宙的整個分支。或者多元宇宙的分支可能存在，量子效應以某種方式將你的生活引導到大相逕庭的方向，在這種情況下，你可能會有個邪惡版本的分身，正製作桃子冰沙而不是更加美味可口的香蕉冰沙。

量子宇宙連環爆

★多元宇宙是真的嗎？

在多元宇宙的兩個版本中，都可能有另一個你。事實上，其他宇宙中也可以有其他的你。但是我們怎麼知道這些理論是否正確呢？抱歉不行。到目前為止，多元宇宙只是個理論想法，用來解釋（或者至少當個藉口）宇宙為什麼看起來如此挑剔。即使其他宇宙存在，我們並未互相連接，也沒有任何互動方式。因此，我們可能永遠無法確認它們存在，更不用說參觀訪問了。

那麼，你和邪惡分身之間期待已久，像八點檔連續劇般灑狗血的會面，注定永遠不會發生嗎？

不見得。另一個你有可能用其他方式存在，他們甚至存在於「這個宇宙」中。這代表你仍有可能見到他們（背景音樂再次響起：噠—噠—噠噠—）。

★我們宇宙中的另一個你

在「這個宇宙」中，另一個版本的你存在嗎？沒錯，就是我們「這個宇宙」。難道，此時此刻，當你讀到這篇文章時，你和你的邪惡分身正處在同一個宇宙空間，甚至在同一個星系？

如果在我們宇宙的某個部分，有團氣體和塵埃雲，成分跟形成我們的氣體和塵埃雲一樣。在這團氣體和塵埃雲中，有個超新星以正確的方式發生，產生與我們完全相同的恆星和恆星系統。在那個恆星系統中，形成和地球同樣的行星，與母恆星的距離跟我們毫無差別。然後在那個行星上，發生了與地球上完全相同的事情，以致誕生了你的精確副本呢？

在我們之前估計中，這種情況發生的機率小得可憐，就如同滾動一個有 $2^{1,000,000,000,000,000}$ 面的骰子，並期望得到兩次相同的數字。[*4]

順帶一提，我們算過了。如果有一個 $2^{1,000,000,000,000,000}$ 面的骰子，每一面的面積是 1 平方公分，那麼這個骰子會比整個可觀測宇宙還要大。

　　雖然機率微乎其微，但重要的是機率並不為「零」。也就是說，儘管這個奇蹟不太可能發生，但嚴格來說，在「這個宇宙」中你並非不可能再次誕生。畢竟很難從 $2^{1,000,000,000,000,000}$ 面的巨大骰子擲出兩次相同數字並不意味「不能」或「不會」發生。每當有團氣體和塵埃形成恆星時，就等同於擲一次骰子，另一個你就有可能會形成。從理論上來說，另一個你可能發生在幾個恆星系統上，或者可能在銀河系的另一邊。重點是，這是有可能發生的事。

　　如果考慮更多的宇宙，你再次發生的機率會更高。例如，我們的銀河系大約有兩千五百億顆恆星，這意味宇宙還有兩千五百億次擲骰子的機會讓你誕生。當然，將 $2^{1,000,000,000,000,000}$ 面的骰子擲兩千五百億次並希望再次得到相同數字的機會仍然非常小，但不是只有一個宇宙，還有更多宇宙存在。

　　讓我們考慮可觀測宇宙。我們知道在看得到的宇宙中至少有兩兆個星系，每個星系平均有兩千億顆恆星，總共約有四千垓（4×10^{23}，約為 2^{78}）顆恆星。現在機率好一點了：我們可以擲 2^{78} 次骰子，並希望能贏得 $2^{1,000,000,000,000,000}$ 分之一的機會。

　　但是，如果宇宙比我們所能看到的要大得多呢？如果滿天星斗的巨大宇宙有 $2^{1,000,000,000,000,000}$ 顆星星呢？這意味著你將 $2^{1,000,000,000,000,000}$ 面骰子擲出 $2^{1,000,000,000,000,000}$ 次，這應該會有相當不錯的機率。事實上，這比不可能更有可能。[*5] 如果你喜歡賭博，你現在可能會考慮將房子押在上面了。

---

*　　5　連續擲一個六面的骰子六次，至少一次得到數字六（或任意數字）的機率是百分之六十六，多麼奇特的巧合。

宇宙有那麼大嗎？宇宙中是否可能有 $2^{1,000,000,000,000,000}$ 顆恆星？實際上，物理學家認為宇宙可能比這更大，宇宙很可能是無限的。

★無限宇宙

不管是字面上或形象上的意義來說，「無限宇宙」是很難讓人理解的概念。你能夠想像在各方向永無止盡的宇宙嗎？

對於另一個你存在的可能性來說，永無止盡的宇宙又代表什麼？假如說，宇宙是無限的，那麼肯定還有另一個你。將 $2^{1,000,000,000,000,000}$ 面的骰子擲 $2^{1,000,000,000,000,000}$ 次並命中你的數字，可能有不錯的機率，但如果你可以擲骰子無限次，你肯定會得到想要的數字。

無窮大這個數字太大了，相比之下，$2^{1,000,000,000,000,000}$ 這樣的偶數顯得蒼白渺小。事實上，如果你擲骰子無限次，擲中 $2^{1,000,000,000,000,000}$ 分之一，不會是一次，而是無數次。這意味在這個宇宙中不會只有另一個你；宇宙中會有無數的你。

想像一下，你跳上火箭飛船並朝某個方向飛行。起初，所有的恆星和星系看起來都非常不同。這是有道理的，因為這些恆星再次形成的可能性很小。但最終，如果你觀察足夠多的地方，即使是非常不可能的事情也會再次發生。你會發現有個地方的環境恰好與我們的太陽、星球相同，甚至與你的條件相同。如果你繼續往前走，又會再度看到相同的東西，一而再，再而三，一次接一次，無窮無盡。當你每次經過重複的星星

宇宙的靈感枯竭了

時，就能夠看到其他版本的你：有些與你完全相同，有些不同。無窮大就是這麼大。

　　而且所有版本的你都會在同一個宇宙中，處在同一個空間裡。當然，他們可能離你很遠，以致你永遠無法乘坐宇宙飛船到達他們所在之處。但是，如果你能找到另一種縮短空間距離的方法呢？理論上，透過連接不同時空點的蟲洞，可以讓你更接近其他版本的你。物理學不能排除這樣的可能性！

哈囉！

猜猜看誰來晚餐？ [6]

* | 6　譯注：典故出自 1967 年的美國喜劇電影《誰來晚餐》（*Guess Who's Coming to Dinner*），劇中描寫種族通婚對雙方家庭產生的衝擊和影響。

★總結

　　另一個版本的你存在嗎？這取決於多元宇宙或無限宇宙是否為真。只要其中一個理論是真的，那麼另一個你肯定存在。如果兩種理論都被證明是錯誤的，那麼另一個你幾乎可以肯定不存在。耐人尋味的是，答案似乎沒有灰色地帶。在整個宇宙中，要麼很可能只有唯一的你，要麼有數不盡的你。

　　你看像不像八點檔的劇情。噠—噠—噠噠—！

4.

人類還能生存多久？

先告訴你壞消息：我們人類終究一死。

如果你希望人類永存，我很遺憾的告訴你，我們的文明和文化極不可能繁榮昌盛直到時間盡頭。

當然，人類在非常短的時間內取得長足進步。彷彿就在昨天，我們剛從樹上下來，建造了城市，發明了電腦，創造了巧克力醬，並深刻的瞭解了宇宙真相。與宇宙一百四十億年的年齡相比，我們算是剛剛來到這個世界。但這個瘋狂派對還能持續多久呢？

數十億甚至數兆年後，我們還會活在宇宙的黃金時代嗎？或者會像過氣的搖滾明星一樣，沉浸在充滿巧克力醬的往日榮耀中突然逝去呢？

你瞧，我們的生活周遭不乏威脅到我們生死存亡的事物。宇宙充滿了危險，可能給我們帶來厄運，從人類自我毀滅的核彈，到摧毀行星的小行星，再到吞噬我們的太陽。我們不單只是要度過其中一個災難，更要在所有災難中倖存下來，才有可能成為生存到時間盡頭的物種。

　　好消息是「我們還有機會活下去」。這個機會取決於兩件事：一、人類滅絕事件發生的可能性，以及二、時間尺度的考量。即使我們現在有可能躲過殺死人類的災難，但也可能會有來自太空深處的子彈，甚至來自宇宙本身的實際結構，讓我們在劫難逃。

呼！躲過了一劫。

　　撕掉你過時的馬雅曆法吧！因為我們將要開始討論「人類永生之道」，直到天荒地老。

★立即性的威脅

　　想像一下這個令人欣慰的未來場景：人類順利存活到數十億年後的宇宙最後階段，平靜的坐著吃巧克力三明治[1]。但把目光拉回現在，這個世界似乎隨時可能終結。當你每天早上打開瀏覽器閱讀網路新聞，是否感覺到世界末日即將來臨：全球流行病、瘋狂獨裁者、或者每個人同時在浴室滑倒。

　　儘管這些事情聽起來會導致災難般的後果，但是它們真的會終結人類嗎？畢竟，我們以前曾在世紀流行病中倖存下來，獨裁者不會長生不老，世界衛生組織可以團結起來，為每個男人、女人和兒童購買浴室防滑墊。

　　讓我們從物理學角度來考慮真正有可能終結人類的事情。目前對人類生存最直接的威脅是什麼？對我們來說，有下列幾件。

---

*｜1　也可以是巧克力「厚片」，看你喜歡哪一個。

☆核戰

還記得 1980 年代的核武問題搞得人人自危嗎？你猜怎麼著？核武問題依然存在！推特或抖音可能分散了我們的注意力，但請千萬不要忘記，人類文明離全面終結的距離只差按下一個紅色按鈕。核彈的終極威力足以毀滅世界。人類最初引爆的核彈可以釋放六十兆焦耳能量。如今，核彈威力已經今非昔比，破壞力增加了數千倍而且數量更多。

人類爆發全面核戰的可能性有多大？高到超乎你的想像。在歷史上，美國或俄羅斯領導人曾多次瀕臨發動核戰邊緣。其中包括以下可怕事件：

♦ 1956 年，一群天鵝被誤判為俄羅斯戰鬥機，再加上其他幾起無關緊要事件，差點導致美國軍方發動反擊。
♦ 1962 年，一艘蘇聯潛艇在古巴海岸附近遭到美國艦隊警告射擊。該潛艇認為這是攻擊開始訊號，幾乎向美國發射核武器。

◆ 1979 年，一個模擬訓練程式被意外載入到北美空防司令部的主電腦中，然後向美國總統發送訊息：「兩百五十枚蘇聯導彈已經發射，需要在三到七分鐘內做出反擊決定」。

◆ 2003 年，一位老婦人在倫敦郊區購買雜貨時，不小心侵入了美國電腦，當她輸入「櫻桃炸彈」[2] 的原料時，差點引發核攻擊。

雖然聽起來很荒謬，但這一切都真實發生過。好吧，其實當中有一件是作者編撰出來的故事，並沒有發生過，假如你分不出來，那麼你對於我們所強調的重點「假警報引爆核戰」就有更深刻的體驗。如同道格拉斯‧亞當斯[3] 在他的小說情節裡所提到「人類很容易因為愚蠢事件走向自我毀滅之路」，譬如本章案例「誤判天鵝為戰機」，而這只是冰山一角，並不是全部的危險清單。

核戰有多麼糟糕？非常糟。氣候劇變，了無生機。問題不僅僅是爆炸和輻射。大量煙霧和灰塵吹入天空，阻擋陽光並導致核冬天。除了大規模輻射中毒之外，氣溫將在數十年內下降數十度，導致新的冰河時期。或者，如果有核彈在靠近水域附近爆炸，可能會將大量水蒸氣送入大氣高層，形成超厚的溫室

---

*｜ 2　譯注：「櫻桃炸彈」是一種雞尾酒配方，也是一種形狀及大小近似櫻桃的煙火名。

*｜ 3　譯注：道格拉斯‧亞當斯是英國著名的科幻小說作家，在《銀河便車指南》系列喜劇作品中，描述地球毀滅及衍生的天馬行空劇情。

把他們打下來！

氣體層，導致溫度失控，節節上升，使地球處於持續加熱的狀態。無論哪種情況，地球都將不再適合人類居住。

☆氣候變遷

就算我們以某種方式避免把自己炸得粉身碎骨，仍然必須處理碳排放所產生的影響。氣候變遷真實存在，而且是人類一手造成。要知道，讓科學家對一件事情達成共識極其困難。因此，一百位科學家中有九十八位認為氣候變遷正在發生，光這個事實就表示數據必須非常可靠。

有些人可能認為氣候變遷沒什麼大不了。畢竟，如果地球溫度上升幾度，有什麼不好呢？好吧，如果你對氣候變遷的嚴重程度有任何疑問，請向金星人詢問對這個問題的看法如何。蛤？你問金星上有活人嗎？是的，你講到重點了。

說到太陽系中最荒涼的地方，金星排得上前幾名。金星表面溫度超過攝氏 427 度（華氏 800 度），足以熔化鉛。令人驚訝的是，科學家認為金星可能曾經跟地球很像。這兩顆行星很可能是由太陽系中的相同材料所形成，因此金星曾經可能也有

液態水海洋和合適溫度。但在某個時間點，也許是因為靠太陽太近，海洋可能蒸發了，引發失控的溫室效應：水蒸氣捕獲更多陽光使得金星更熱，然後更多水蒸發，導致金星表面溫度更高，惡性循環直到液態水消失殆盡。

　　如果我們不小心控制溫室效應，可能會讓非常類似的事情在地球上發生。

☆哎呀！失控的技術

　　讓我們假定人類設法變得聰明，避免炸毀自己或破壞我們賴以為生的星球。我們是否有可能變得「過度」聰明，不知怎麼的發明了最終會殺死人類的技術？當人類技術愈來愈強大、愈來愈複雜時，某些科學家卻認為這才是真正的危險。我們可能會創造出一種人工智慧，它決定人類已經過時並需要退休；或者我們會造出「灰色粘質」[*4]，一群失去控制的奈米機器

---

* | 4　譯注：「灰色粘質」這一詞彙最早由奈米技術先驅金‧埃里克‧德雷克斯勒在 1986 年出版的《創造的發動機》中所提出。

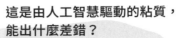

這是由人工智慧驅動的粘質，
能出什麼差錯？

人，能夠自我複製並吞噬地球上所有的有機物質。誰能肯定在
不久的將來，我們不會發明其他技術意外的終結人類？

★非立即性威脅

　　好吧，讓我們樂觀一點，想像以下美好情況：人類積極設
法擺脫核武威脅，避免環境崩潰，甚至聰明到在每個尖端發明
中加上「系統關閉」開關。也許經由這些努力，人類文明能夠
成功的永續發展，變得更古老、更有智慧，甚至學會停止使用
危險的科技設備，並團結一致共同為生存而奮鬥。我們希望如
此，因為其他危險事件很快就會自動找上門來。

　　我們即使從地球上的人為禍害中倖存下來，在未來幾千年
的尺度中，還是要面對來自外太空的死亡威脅。

　　如果有顆巨大的小行星自宇宙深處飛來、撞擊地球並造成
大規模破壞呢？歷史上曾經發生過小行星撞擊地球（還記得恐
龍大滅絕事件嗎？），而且可能會再次發生。小行星可能是塊
非常巨大的岩石，大到足以讓地球本身裂開，也有可能是中等

尺寸如同「士林區」*5一般，但已經足夠把大量塵土帶入大氣層，從而導致徹底的環境變遷。

正如我們將在第 9 章〈小行星會撞擊地球造成人類滅絕嗎？〉所介紹，「小行星撞地球事件」在未來幾百年內並不預期會發生（我們目前正在密切追蹤太陽系中大多數的地球殺手等級小行星），但誰知道在接下來幾千年會不會發生呢？愈是深入探究未來，預測愈是模糊不清。

更令人擔憂的是，其他災難可能會降臨到我們身上。太陽系有許多彗星軌道的週期範圍非常大，有些甚至大到我們都不知道它們存在。當彗星沿著幾千年軌道返回時，有可能會撞上我們。

讚！彗星耶！

無論哪種情況，我們希望到時布魯斯・威利*6仍然健在，因為在接下來的幾千年中，我們如果希望倖存下來，就需要實施某種方法來偏轉或摧毀殺手小行星或彗星。

---

*| 5　譯注：原文以紐約曼哈頓為例，和士林區面積相似，約六十平方公里。
*| 6　你有沒有注意到這傢伙永遠不會變老？（編注：布魯斯・威利因罹患失語症，在 2022 年 3 月由家屬宣布息影。）

★百萬年威脅

如果是幾百萬年的尺度呢？假如我們有辦法存活那麼久，哪些威脅會變得更有可能遇上？

嗯，宇宙是個危機四伏的地方，即使我們以某種方式複製布魯斯・威利，並且重現在《世界末日》[7]中對付小行星和彗星的計畫，還是有其他東西可以消滅我們。來自太空深處的外來物體可能擾亂整個太陽系並帶來致命危機。

你瞧，在我們的太陽系中，行星都在自己的軌道上舒適的繞著太陽運轉。這些行星軌道至關重要，卻又不堪一擊。想像一下，每個行星軌道就像個在指尖上旋轉的盤子。也就是說，在太陽系中有八個這樣的盤子同時旋轉。如果從外太空有個龐然大物東碰西撞衝著這些盤子而來呢？這可是場太陽系級的重大災難。

像星際彗星「斥候星」[8]這樣小的訪客並不會對我們造成任何真正的破壞。但若是碩大無比的小行星（可能是遠處的「流浪行星」[9]）進入太陽系，那就不是這麼一回事了。

壞消息是，流浪行星甚至不需要擊中任何東西就能殺死我們。它可能僅僅因為靠得太近就可以破壞太陽系。它的重力可

---

*　7　譯注：在 1998 年美國科幻災難片《世界末日》中，布魯斯・威利飾演鑽油工人，在撞擊地球的小行星上鑽井，並炸毀該小行星。

*　8　譯注：斥候星（Oumuamua）台語諧音暱稱「烏嘛嘛」，是已知第一顆經過太陽系而且不繞任何恆星公轉的星際天體。

*　9　譯注：流浪行星（rogue planet）又稱為星際行星，是不繞任何恆星公轉的行星。

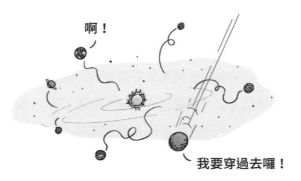

啊！

我要穿過去囉！

能足以讓其他行星脫離軌道，把我們安靜的小社區搞得亂七八糟。

　　事實上，流浪行星不費吹灰之力就可以讓情況變得一塌糊塗。地球繞太陽運行的軌道十分脆弱，一個不速之客帶來的小拉扯就足以改變地球軌道。我們最終可能離太陽太近，熱量過高融毀地表所有東西；或離太陽太遠，熱量過低凍結一切萬物。更嚴重的是，如果它距離地球夠近，有可能把我們從太陽系中彈出，讓我們永遠漂浮在太空中。

　　讓我們發揮想像力，進一步探討百萬年尺度的情況。如果來擾亂我們太陽系的，不是小行星，而是另一顆恆星甚至是黑洞呢？

　　我們習慣認為恆星和黑洞只是紋風不動的坐在那裡。但實際上，它們也是在太空中移動的物體。事實上，銀河系中所有一切都圍繞著銀河系中心運轉，但它並不像是一座漂亮平靜的旋轉木馬。在數百萬年尺度下，一顆偏離的恆星或黑洞完全有可能向我們飛來，打亂寧靜祥和的一切。

　　這會是場毀滅性的大災難。

如果你建立模型來模擬太陽系，用相當於太陽質量的東西向太陽系模型射擊，行星有可能因為重力吸引而脫離太陽系拋入太空，又或是黑洞從太陽系附近離開時，順手帶走了一顆行星，無論哪個結局都是毀滅性的災難。如果被黑洞帶走的恰好是地球呢？圍繞黑洞運行的將是寒冷、黑暗和短暫的生命。

現在或未來幾千年之內，我們都看不到這些事情發生在自己身上，但在數百萬年之後，這完全有可能發生。

我們的太陽系並不是第一次陷入混亂。對你來說現在的太陽系似乎是個祥和平靜之處，那是因為我們在過去幾百年裡沒有看到太陽系發生變化。如果你觀察數百萬年來的太陽系，會發現它實際上非常混亂。在更長的時間範圍內，太陽系其實是非常危險的地方。事實上，整個太陽系都有瘋狂災難的證據，例如行星碰撞形成月球、或詭異重力事件造成天王星傾斜。我們現在看到的太陽系與數十億年前的太陽系大相逕庭。

如果一顆錯誤的流浪行星、恆星或黑洞進入我們的太陽系，很難想像未來的人類還能做些什麼。即使是一整個軍隊的布魯斯・威利也可能無法偏轉或摧毀如此龐大的質量。到那時，如果我們想生存下去，可能只剩下一個選擇：飛向星空。

布魯斯！黑洞是往
那個方向去。

我知道。

★十億年威脅

讓我們更深入探討未來的展望。如果人類能夠存活數百萬年，那很可能是因為我們已經成功移居在太陽系其他地方，或是訪問了其他恆星。在這個時間尺度上，人類很可能遭遇了非得離開地球的物體（例如，誤入歧途的行星或黑洞）。

但即使沒有遇到外來物體，我們也知道未來人類最終迫不得已，勢必要離開地球。

我們這顆快樂的燃燒了超過四十億年的太陽即將發生變化。在大約十億年後，太陽溫度會變得更熱，體積變得更大。事實上，太陽的表面在十億年內就會膨脹到地球現在的位置。因此，除非我們開發出真正令人驚嘆的防晒乳液技術，否則我們終究得搬家。我們也許會搬到外行星或小行星帶。還記得冥王星 [10] 嗎？希望它不計前嫌，接受我們搬進去。

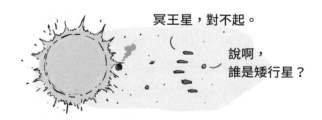

冥王星，對不起。

說啊，
誰是矮行星？

---

* 10 譯注：冥王星（Pluto），是太陽系古柏帶中的矮行星。克萊德・湯博在1930 年發現冥王星，將其視為第九大行星，但在 2006 年，國際天文聯合會正式定義了行星，冥王星就此歸類為矮行星。

　　但即使我們找到一顆舒適的小行星或定居在冥王星，時間也會流逝。又過了十億年，我們的太陽將逐漸燃盡並退休，噴走大部分氣體，只留下一顆無法燃燒的白矮星。當太陽冷卻並停止提供我們需要的溫暖時，會發生什麼事？會變得……好冷喔！很明顯，為了在接下來幾十億年裡生存下去，人類需要逃離我們的太陽系，前往其他恆星。

★超乎想像的威脅

　　如果在未來數十億甚至數兆年後仍有人類存在，可以肯定的是，他們一定不在地球上，甚至不在太陽系中。如果人類以某種方法存活了那麼長時間，我們很可能已經學會了如何穿越遙遠太空，並定居在銀河系其他地方。事實上，如果我們學會如何前往其他恆星，殖民到其他行星，那麼整個銀河系中可能會有很多人類定居點。

　　想像一下人類文明遍布整個銀河系。如果我們能走到那一步，是否代表人類文明有機會持續到永遠？

　　畢竟，如果人類跨越多個星系定居，那麼人類文明就有了內建的保險。即使某個恆星突然變成超新星，或者是某個居住地的人類鑄下大錯把自己炸得支離破碎，仍然有其他口袋名單來傳遞文明火炬（或巧克力罐，視情況而定）。人類就像蟑螂一樣，宇宙很難把我們全部消滅，不是嗎？

　　假設我們可以做得更好，不只在銀河系中的恆星間旅行，甚至在未來想出藉由蟲洞或快速航行的飛船做跨星系旅行。這

樣即使銀河系突然爆炸，或與另一個星系碰撞而被撕成碎片，人類仍以某種形式倖存下來，這是否代表我們已經完成了人類文明永存呢？

不盡然。到那時，人類生存仍然面對兩大威脅：物理定律和無窮大。

☆希格斯場崩陷

一些物理學家認為，宇宙基礎並不如你想像中的那麼扎實牢固。

例如，所有物質粒子的質量可能會突然發生變化，從而影響它們的運動和交互作用。質量這個基本屬性不是固定的，而是來自粒子與儲存在希格斯場中的能量之間的交互作用。希格斯場是充滿宇宙的量子場之一，問題在於物理學家並不確定這個場有多穩定。總有一天，無論是自行發生還是因某些事件而觸發，希格斯場可能會崩陷並失去能量。如果是這樣，崩陷將蔓延到整個宇宙，從基本上擾亂所有物理學。這樣的事件可能會摧毀我們目前在宇宙中所看到的一切，並且重新排列成截然不同的東西。

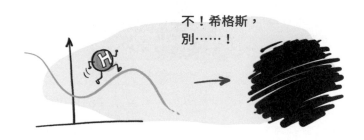

　　科學家並不確定這種情況發生的可能性有多大,也不知道它是否會發生。但在數兆年甚至更長的時間尺度上,很難預測某件事會不會發生。如果發生了這種情況,任何人類,哪怕分布在各個恆星,基本上都不可能存活下來。

★無限大

　　無限大的時間是不可違背的。即使我們設法避過所有可能殺死我們的事情,世界末日最終會純粹因為「時間」而降臨到我們身上。「無限」是個難以理解的概念,但在一個無限久的宇宙中,任何「可以」發生的事情最終都「會」發生。

　　一旦分散在多個恆星,我們可能將人類生存的機會提高到99.999999999999999%,但在無數年之後,我們的死期還是會到來。最終,一些我們無法預見或想像的偶發事件可能(並且將會)發生,消滅所有存在的人類。

★所以我們完蛋了嗎？

在你對人類最終走向滅亡而大感難過之前，我們應該指出，人類可以藉由某一種方式活到時間的盡頭。這想法需要一點技術，但如果我們已經可以想像人類航行到宇宙其他星系吃巧克力，那麼現在不是裹足不前的時候。

想像一下人類已經想出如何生存數十億甚至數兆年的情景。再想像一下，時間的盡頭或希格斯場的崩陷還沒有把我們消滅。如果發生其他意外事件呢？如果宇宙停止膨脹而且突然逆轉呢？如果這種逆轉導致宇宙聚集在一起，並以與大爆炸相反的方式重新凝聚成真正緻密的東西呢？物理學家稱之為「大崩墜」（Big Crunch），就是那麼剛好，英文聽起來像是布滿榛果巧克力醬的美味糖果棒。

如果大崩墜發生，我們都會，嗯……被壓扁。即使我們看到它來臨了，也不是我們可以避免或逃逸的，因為空間本身會縮小。這意味宇宙變得愈來愈小，所以無處可逃。如果時間走得足夠久，空間就會收縮到密度無限大，然後會發生匪夷所思的事情：時間將會終結。時間終結就像「北方」會因為你一直往北走而消失一樣。例如，當你到達北極時，就沒有比這更北的地方了。同樣的，當空間和時間緊縮在一起時，兩者將會終結。[11]

---

* | 11 至少這個宇宙宣告終結。有些物理學家相信，宇宙會在大霹靂和大崩墜
　　 之間循環。

　　但是想像一下我們那時還活著，並想像我們堅持到宇宙的最後一刻。實際上來看，你可以說：「人類已經抵達時間的盡頭」，甚至說：「人類已經活到任何人所能生存的最長時間」。

　　我們知道自己活到生存的最大限度，並且充分利用可以擁有的一切時間，這不就是一種勝利嗎？

　　我們應該覺得十分慶幸。

5.

如果我被吸進黑洞會怎麼樣？

很多人似乎都有這個疑問。

「進入黑洞後會發生什麼事呢？」在許多科學書籍中都有提到，也是我們聽眾和讀者經常提出的問題。但是為什麼大家對這問題特別有興趣呢？難道公園裡處處都是黑洞？或是有人計畫在黑洞附近野餐，但又擔心放任他們的孩子在旁邊跑來跑去會發生問題？

可能不是。這個問題的吸睛度與實際上會不會發生無關，

而是源自我們對迷人太空物體的基本好奇心。眾人皆知，黑洞是神祕莫測的奇怪空間區域，是時空結構中與宇宙實體完全脫節的「空洞」，任何東西都無法逃脫。

不過，掉入黑洞是什麼感覺呢？一定會死嗎？和掉進普通洞裡的感覺有什麼不同？你會在洞內發現宇宙深處的祕密，還是看到時空在你的眼皮子底下伸展開來？在黑洞裡面，眼睛（或大腦）能正常發揮功能嗎？

只有一種方法可以找到答案，那就是跳進黑洞。所以抓起你的野餐墊，和你的孩子說聲再見（也許是永別），然後牢牢抓緊，因為我們即將深入黑洞公園展開終極冒險。

掉來我這吧！

★接近黑洞

當你接近黑洞時，注意到的第一件事可能是，黑洞確實看起來就像「黑色的洞」。黑洞是絕對黑色，本身完全不發射或反射光線，任何擊中黑洞的光都會被困在裡面。所以當你觀察

黑洞時，眼睛看不到任何光子，大腦會將其解釋為黑色。[1]

　　黑洞也是個不折不扣的洞。你可以將黑洞視為空間球體，任何進入黑洞的東西都會永遠留在裡面。這是因為已經留在黑洞內的東西所造成的重力效應：質量在黑洞中被壓縮得十分密集，進而產生巨大的重力影響。為什麼？因為離有質量的東西愈近，重力愈強，而質量被壓縮代表你可以十分靠近質量中心。

　　質量很大的東西通常分布得相當分散。以地球為例，地球質量大約與一公分寬（大約一個彈珠大小）的黑洞等同大小。如果你與這個黑洞距離一個地球半徑長，感受到的重力就如同站在地球表面一樣，都是 $1g$ [2]。

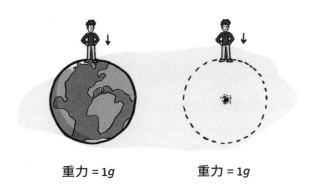

重力 = 1g　　　　　重力 = 1g

　　但是當你分別接近兩者中心時，會發生截然不同的狀況。當你愈靠近地球中心點，愈感覺不到地球重力。那是因為地球圍繞著你，把你平均的往各個方向拉。相反的，當你離黑洞愈近，感受到的重力愈大，因為整個地球質量近在咫尺的作用在你身上。這就是黑洞強大的威力，超緊緻質量對周圍事物立即產生巨大影響。

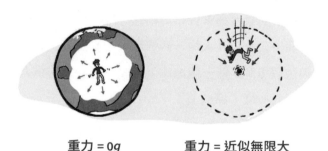

重力 = 0g　　　　重力 = 近似無限大

　　真正緊緻的質量會在自身周圍產生極大重力，並且在一定距離處，把空間扭曲到連光都無法逃脫（請記住，重力不僅會拉動物體，還會扭曲空間）。光不能逃脫的臨界點稱為「事件視界」，在「某種程度」上[3]，事件視界定義了黑洞從何處開始，以此距離為半徑的黑色球體則稱為黑洞。

　　黑洞的大小會隨著擠進多少質量而發生變化。如果你把地

---

*　3　我們說「某種程度」是因為對於旋轉黑洞來說，情況有些不同。正如我們稍後所討論，黑洞實質部分其實比事件視界要大一些。

球壓縮得足夠小，會得到一個彈珠大小的黑洞，因為在大約一公分距離內，光再也無法逃脫。但是如果你再壓縮更多質量，黑洞半徑就會更大。例如，你把太陽壓縮變小，空間扭曲程度更高，事件視界更遠，大約發生在距離中心點三公里處，因此黑洞寬度約六公里。質量愈大，黑洞愈大。

哇！好可愛的小黑洞。

其實，黑洞的大小並沒有理論限制。在太空中我們已探測到的黑洞寬度，最小約有二十公里，最大可達數百億公里。實際上，黑洞形成的限制只有周圍環繞物質的多寡，以及所允許的形成時間。

當你接近黑洞時，可能會注意到的第二件事是，黑洞通常不孤單寂寞。有時你會看到周圍東西掉進黑洞。或者更準確的說，你會看到東西在黑洞周圍旋轉等待落入。

這種東西稱為「吸積盤」，是由氣體、塵埃和其他物質組成。這些物質沒有被直接吸入黑洞，而是在軌道上盤旋等待、螺旋進入黑洞。這景象對於小黑洞而言，可能不是那麼令人印象深刻，但如果是超大質量黑洞，確實值得一看。氣體和塵埃

以超高速度飛來飛去，產生非常強烈的純粹摩擦力，導致物質被撕裂，釋放出許多能量，創造出宇宙中最強大的光源。這些類恆星（或稱類星體）的亮度，有時比單個星系中所有恆星的亮度總和還要高數千倍。

　　幸運的是，並不是所有黑洞，甚至是超大質量黑洞，都會形成類星體（或耀星體 *4，就此而言，像是吃了類固醇的類星體）。大多數時候，吸積盤並沒有合適的東西或條件來創造如此戲劇化的場景。這也算是一樁美事，否則的話，你一靠近活動劇烈的類星體，可能會讓你在瞥見黑洞之前就氣化了。希望你選擇落入的黑洞周圍有個漂亮的、相對平靜的吸積盤，讓你有機會接近並好好欣賞。

---

*　4　譯注：耀星體（blazar）或稱耀變體，是一種活躍星系核，所產生的相對論性噴流大致指向地球，其亮度經常在極短的時間內（數小時或數天）產生又快又劇烈的波動。

黑洞涼一下

★愈來愈近

在確認你要掉入的黑洞相對安全，也就是黑洞周圍燃燒旋轉氣體和灰塵噴出的總能量沒有超過數十億顆恆星之後，接下來要擔心的問題是重力本身導致的死亡。

「重力致死」這個名詞乍聽之下，通常會聯想到從高處墜落而死，例如從高聳入雲的建築物或飛機上掉下來。但在這些情況下，重力並不是罪魁禍首，真正的兇手不是墜落而是著陸。然而，在黑洞附近太空中，殺手確實是墜落。

你看，重力不只是拉扯你也試圖撕裂你。請記住，重力的大小取決於你和具有質量物體之間的距離。當你站在地球上時，腳比頭更靠近地球，也就是腳比頭感受到的重力更強。如果你用不同的力道把橡皮筋兩端往相反方向拉，橡皮筋會延伸，就算你往相同方向拉，也是如此。這正是發生在你身上的事：你靠近地面的部分感受到更多重力，而地球就像拉伸橡皮

筋一樣的拉伸你。[*5]

　　當然，你可能不會感到被拉長，那是因為：一、我們身體很柔軟但沒有那麼軟（還是可以維持人形）；二、頭腳之間的重力差異不大。地球上的重力相當微弱，所以頭和腳幾乎感受到相同重力。

　　但如果整體重力要強的多，那麼你可能就會遇到麻煩。如果你以自由落體方式朝向一個非常重的物體移動，那麼物體的強大重力可能會讓你感覺到頭腳之間的拉力差異。這有點像遊樂場溜滑梯：當高度愈高，下滑坡度就愈陡峭。到某個程度，兩端之間的重力差異就會讓你分崩離析。

　　所以很多科學書籍都說：「你不太可能在進入黑洞時倖存下來」。黑洞周圍的重力如此強大，以致你在進入黑洞之前就

---

*　5　如果你跳到空中，或處於自由落體狀態，這就更適用。當你站在地面
　　　上，你的腳不能去任何地方，所以重力實際上是想把你壓扁。

會被拉成「義大利麵」。但實際上，這不一定是真的！進入黑洞是完全可能的。

　　事實證明，重力將你撕裂的點（我們稱之為「義大利麵條化點」）和光無法逃離黑洞的點（即黑洞邊緣）並不相同，實際上兩點會根據黑洞的質量大小而對應在不同位置，因為義大利麵條化點正比於黑洞質量的立方根，而黑洞邊緣隨質量成線性變化。

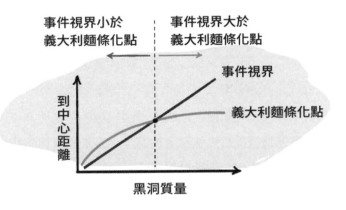

　　這就是說，小黑洞的義大利麵條化點大於事件視界，位於黑洞邊緣之外。但是，大黑洞的義大利麵條化點較小，並且位於黑洞內部。例如，質量為一百萬個太陽的黑洞半徑為三百萬公里，當你深入內部，到距離中心兩萬四千公里處才會被重力撕裂。另一方面，半徑為三十公里的小黑洞會在你距離中心四百四十公里處就開始將你撕裂。

　　你可能會覺得非常奇怪，小黑洞實際上居然比大黑洞更危險，但依據黑洞公式計算出來的結果就是如此。大黑洞覆蓋更大區域，邊緣重力比較沒有那麼強大，所以物體被吸入之後，還能不被撕裂。

★到達黑洞

　　好吧，你已經設法選擇了一個合適的黑洞，周圍沒有瘋狂派對，而且足夠大，直到你進入之後才會被撕裂，看來你準備好要進去了。但要小心，這時候事情開始變得更加詭異。

　　當你靠近黑洞時，你會注意到兩件有趣的事。

　　首先，在事件視界半徑大約三倍處，你會看到吸積盤結束，留下一片空無緊接在黑洞的周圍區域。這是因為任何比這個點更近的物質都會迅速落入黑洞。大多數物質都無法從此點逃脫，也意味你現在幾乎已經開始執行進入黑洞計畫。如果你想反悔的話，應該在繼續閱讀前先想清楚囉。

　　你會注意到的第二件事是，在離黑洞如此近的地方，周圍發生巨大空間彎曲。因為重力實在是太強大了，黑洞周圍的空間十分彎曲，導致光不再沿著直線移動，而以非常明顯的方式扭曲移動，就好像在鏡頭裡面游泳一樣。

　　現在，我們將進一步檢查在你更加深入探險時會遇到的奇聞異事。

☆黑洞之影 *6

你會在黑洞半徑大約兩倍半處，進入所謂的黑洞「陰影」。這是任何人觀察黑洞時都會看到的實際黑圈。

黑洞投射的陰影比實際尺寸還大，因為黑洞不僅會捕獲事件視界內的光子，還會彎曲在附近飛行的光子。任何光子射向你之後，行經黑洞一定距離內，都會落入重力井並最終進入重力井，所以你將無法看到它。

當你向黑洞移動時，這個陰影看起來更大。當你更加靠近時，黑洞會捕捉更多原本會擊中你眼球的光，代表黑洞將開始占據你幾乎整個視野。

*| 6　也稱為「你一直想寫的科幻小說完美標題」。

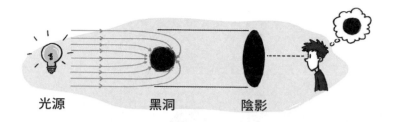

光源　　　　　　黑洞　　　　　　陰影

　　順帶一提，這就是你想讓朋友給你拍照的地方，因為他們會看到你被純黑色包圍的圖像，看起來你就像在黑洞裡，但其實你仍然有辦法離開。

☆無限光環 [7]

　　在距離黑洞半徑大約一倍半處，是另一個有趣的里程碑。在這裡，光以完美的圓形環繞黑洞運行。正如行星和衛星環繞更大質量的物體運行一樣，光也可以環繞黑洞運行。但要注意的是，光之所以環繞黑洞運行，是因為光沒有質量！由於時空扭曲，導致光只能在此處繞著圓圈轉。軌道上的光子可能會永遠圍繞黑洞運轉，但是只要一點偏差，就會導致它螺旋向內進入黑洞，或是螺旋向外飛入太空。

　　在前往黑洞途中，穿過這一點時會發生一件很酷的事情：因為光線以完美的圓形傳播，所以當你往任何垂直於黑洞半徑直線的方向看時，你都可以看到自己的後腦勺。如果你想知道自己背影長什麼樣子，這是個絕佳機會。

---

*│ 7　也稱為「你一直想創立的新時代邪教完美教名」。

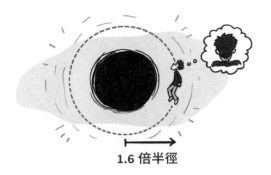

1.6 倍半徑

☆我愛貝克漢 [8]

　　靠近至黑洞半徑的一倍半之內，你已經達到了連光都無法安全繞行的地方。你逃脫的機會正在減少，無論是字面上還是比喻上，現在所有的跡象都表明了你將進入黑洞。

　　現在，你會覺得黑洞的陰影籠罩著你，封閉了你看向宇宙的視野。如果你向後看，會看到宇宙的影像在縮小。

　　這種宇宙觀的奇怪之處在於，它包含了整個宇宙，甚至包括黑洞後面的東西。這時候，空間極度彎曲，以致光從宇宙的四面八方射來，多次旋轉之後照射到你的頭部和後腦勺。這就好像用極端魚眼鏡頭來看宇宙，甚至會看到多個宇宙畫面在你的視野邊緣一遍又一遍的重複。

　　當你靠近黑洞的中心時，這扇通往宇宙的窗口會愈來愈小，黑洞的圖像將占據你所看到的任何地方。

---

* | 8　也稱為……實際上已經有人拍了電影《我愛貝克漢》(Bend it like Beckham)。（譯注：指時空彎曲造成光子扭曲的運動軌跡，就像英國足球明星貝克漢的招牌香蕉球那樣。）

然後……你將跨越事件視界。

★你的朋友會看到什麼？

來！讓我們瞧瞧此時你的朋友會怎麼看這一切。沒錯，就是那些認為跳進黑洞很瘋狂所以留下來的朋友。我們確信他們非常支持你，但是當你向未知領域邁出這光榮的一步時，他們會怎麼看？

事實是，你的朋友並不會看到你跳進去。並不是因為他們目光被黑洞的黑暗所掩蓋，而是因為對他們來說這件事情從未發生過。

請記住，重力不僅扭曲空間，也扭曲時間。黑洞的重力無比強大，以致它們以非常極端的方式扭曲了時間。

眾所皆知，在非常高的移動速度下時間會變慢。舉例來說，如果你爬上一艘宇宙飛船，以接近光速的速度來回飛行，對你來說時間會變慢，你認識的每個人都會比你老。但不是只

有速度會影響時間；靠近非常重的物體（如黑洞），時間也會變慢。黑洞扭曲了空間，也減慢了時間。

當你潛入黑洞附近時，你的朋友會發現時間為你放慢了速度。對他們來說，你會開始看起來像是以超慢動作前進，當你離黑洞愈來愈近，你的動作會愈來愈慢。

當你離黑洞愈近，你的時鐘走得愈慢。在某些時候，你的時鐘會慢下來許多，對你朋友來說，你的時間看起來幾乎像是凍結了。我們確信他們是好朋友，但最終他們可能會放棄觀看，去過他們的生活。因為重力還會將光子的波長拉伸到紅外線光譜中，他們對你的最後印象將是微弱的紅色。

事實上，對宇宙其他部分來說，在你陷入黑洞前，不單只是經歷很長一段時間，而是實際上你進入黑洞這件事永遠不會發生。從外部角度來看，你的時間會凍結，你的圖像會散布在黑洞表面並永遠蝕刻在那裡。觀察者需要無限長的時間，才會看到你完全進入黑洞。然而數兆年過去了，恆星系統和星系形成又滅亡，日復一日，他們永遠看不到你越過邊界。

啊……

如果你希望藉由戲劇化的舉動給朋友留下深刻印象，那麼跳入黑洞並不是明智之舉。

★進入黑洞

當然，上述只是你朋友看到的景象。對你來說，這仍然是趟狂野的雲霄飛車之旅。

請記住，對你來說時間仍然正常運行，所以從你的角度來看，進入黑洞的旅程將以正常速度發生。

你會進入黑洞。只是，從黑洞外面的宇宙觀察，它似乎永遠不會發生。

那麼當你穿越事件視界後會發生什麼事呢？物理學家相信寥寥無幾。

當你越過最後一道門檻時，你對外部宇宙的視野會縮小到一個極其微小的點，周圍一切都變得完全黑暗。你能看到的唯

一光源就是身後那個點，只不過那個點包含了整個宇宙的縮小微影。沒了！就是這樣。但根據理論，事件視界實際上沒有任何東西，既沒有牆、柵欄、力場或五彩紙屑，也沒有銀河保安人員駐守的關卡。事件視界只是太空中你無法回頭的地方。

你看，黑洞內部的空間被彎曲得那麼厲害，以致沒有路徑可以離開。不管你走多快，時空都變成單向的。在黑洞之外，只有時間是單向的（向前）。但在事件視界內部，連空間也是單向的（向內）。黑洞內部每條軌跡都通往更深處、更靠近中心的地方。

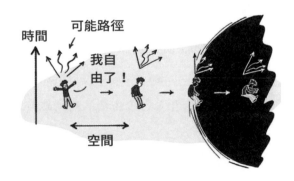

對你來說，這種變化是循序漸進而不是突然發生。當你愈來愈接近事件視界時，能夠採取的可能路徑也開始扭曲，以致遠離黑洞的路徑愈來愈少。當你達到事件視界時，能夠使用的所有可能路徑都指向黑洞內部。

無庸置疑，你被卡住了。在這時候，逃跑比什麼都不做還糟糕。如果你試圖掙扎逃跑，只會更快的向黑洞中心移動。

★裡面有什麼？

你現在進到黑洞裡面了，那是什麼感覺呢？

答案是沒有人知道，就如同石沉大海，杳無音信。

我們甚至不知道是否能在黑洞內部思考。人體需要讓血液、訊息和離子在各個方向運輸流動。如果神經元和血液只能燃燒並流向黑洞中心，你還能夠活著並留有些許意識思考嗎？

但更根本的是，我們並不完全認識跨過事件視界後的時空是什麼樣子。我們只是對會發生的事情有一個想法。到目前為止，廣義相對論可以對黑洞之外的一切事物做正確描述，甚至預測這些事物的存在。但我們也知道廣義相對論無法描述宇宙最真實的運作方式。例如，我們知道它會在量子力學不可忽視的最小層次上崩解。那麼廣義相對論是否有可能在黑洞內崩潰呢？我們無法確定它到底錯了多少，或許有可能只錯在黑洞的正中心。

如果廣義相對論在黑洞內部仍然絕大部分正確，那麼接下來所發生的事情就沒有那麼令人興奮了。根據廣義相對論，重力強度會變得更加強烈，你向黑洞中心移動的速度會愈來愈快。事實上，對於銀河系中心的黑洞而言，你會在大約二十秒內墜落到中心。當然，你永遠不會到達中心，毫無疑問的，你會在某個時刻到達「義大利麵條化點」（還記得嗎？）並被撕成碎片。

但是，如果廣義相對論在事件視界內是不對的，那麼我們

可以自由的推測可能發生的事情。當你進入黑洞時，可能會有
很多饒富趣味的事情在等你：

- ◆ 另一個宇宙。物理學家認為（甚至說很可能），在黑洞
  內部可能存在另一個完整宇宙。也許當你進入黑洞後，
  會突然在一個新的嬰兒宇宙出現。
- ◆ 蟲洞。另一種理論認為，黑洞內部可以連接到蟲洞（一
  種時空隧道），將你帶到宇宙的另一部分（時間和空
  間）。蟲洞另一端是什麼呢？科學家推斷是「白洞」，
  即黑洞的對立面，會把你從這一側吐出來。如果說黑洞
  是物質可以進入但永遠無法逃逸的地方，那麼理論上白
  洞就是物質可以逃逸但永遠無法進入的地方。將白洞想
  像成一個空間區域，其中空間沿著特定方向彎曲，所有
  方向都把你指向白洞之外。當然，你可能會想，白洞裡
  出來的東西從哪裡來？沒錯！它們都是從黑洞穿過蟲洞
  而來。

你可能會在黑洞中發現的東西：

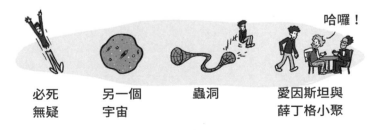

| 必死
無疑 | 另一個
宇宙 | 蟲洞 | 愛因斯坦與
薛丁格小聚 |

　　無論哪種情況，至少從我們所在的宇宙角度來看，都將是你旅程的終點。你一旦進入黑洞，就永遠不可能離開，無論是你死得多麼恐怖、或是發現量子力學和廣義相對論的終極祕密，還是發現一個全新宇宙，只有你自己知道這個驚人的祕密。

　　唯一的問題是，你無法跟其他人分享。

誰說我爛我就把他吸爛！

6.

為什麼我們不能瞬間傳送？

說真的，有人喜歡旅行嗎？

　　無論是去異國他鄉度假還是每天通勤上班，實際上，沒有人喜歡旅行的交通過程。說喜歡旅行的人可能代表他們喜歡「抵達」目的地。那是因為目的地充滿無窮樂趣，例如可以看到新事物、認識新朋友、或是早點上班，好早點下班回家閱讀物理書籍。

　　旅行的實際交通部分通常令人難熬：準備出發、趕著上路、等待班次、再次趕路。無論誰說「旅行不是目的，而是過程」，顯然他們不必每天塞在通勤途中，也從未卡在橫越太平洋航班的中間座位上。

　　如果有更好的旅行交通方式，可以跳過中途點，直接出現在目的地，這樣不是很好嗎？

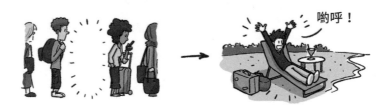

　　一百多年來，瞬間傳送一直是科幻小說中的常見話題。誰沒有幻想過閉上眼睛或跳進機器，接著發現自己突然出現在嚮往的地方呢？想想你會省下多少時間！你的假期可以從現在起跳，而不必等到飛行十四小時之後才開始。我們也可以更輕易的到達其他行星。想像一下，我們不必花費數十年的交通，就能將人送到最近的宜居行星（比鄰星 b，四光年外）殖民。

　　但是瞬間傳送可能嗎？如果有可能，為什麼科學家花了這麼長的時間仍然不能使它實現？究竟是還需要數百年的時間來開發，或是可以期待它很快就成為手機應用程式呢？將光砲設定為擊昏狀態吧！[1] 因為我們即將下達指令「把我傳送上去！」[2]，接著開始介紹瞬間傳送的物理原理。

---

*　1　譯注：光砲（Phaser）又稱「相位槍」，是《星艦迷航記》中的手持武器，可以調整設定為擊昏、加熱或破壞狀態。

*　2　譯注：「把我傳送上去！」（Beam me up!）來自《星際爭霸戰》。科克艦長常呼叫史考特把人員傳送回企業號。

★瞬間傳送選項

　　如果你夢想的瞬間傳送是，某一時刻在這裡，然後下一時刻到達完全不同的地方。很遺憾，我們現在就可以告訴你，這絕不可能。因為物理學對任何瞬間發生的事情都有非常嚴格的規範。任何事情發生（結果）都必須有原因，從原因到結果需要傳輸資訊。想一想：為了讓兩件事彼此有因果關係（就像你在這裡消失然後又在別處出現），它們必須以某種方式溝通。而在這個宇宙中，包括資訊傳遞在內的任何事物，都是有速度限制的。

　　資訊必須像其他東西一樣在空間中傳播，而在這個宇宙中，東西能夠傳播的最快速度是「光速」。說真的，光速應該要稱為「資訊的速度」或「宇宙的極限速度」。這個概念融入了相對論和因果關係，是物理學的核心。

---

*│　3　譯注：在《星際爭霸戰》劇集的開場預告片中，常有身著紅色制服的安
　　　　全人員遇害。

　　即使是重力，也不能比光速還快。地球感受到的重力不是來自太陽當下的位置，而是八分鐘前的位置。這就是資訊穿梭一億五千萬公里所需的時間。如果太陽消失了（瞬間傳送自己到度假區），地球將繼續在正常軌道上運行八分鐘，然後才意識到太陽已經不見了。

啊。多麼晴朗
的一天！

　　因此，你從一個地方消失並立刻在另一個地方重新出現的想法，可以說幾乎是做白日夢。兩地之間必須發生某些事情，並且那些事情不能移動得比光速快。

　　幸運的是，當談到「瞬間傳送」的定義時，我們大多數人並不是那麼固執，可以接受「幾乎瞬間」或「眨眼之間」，甚至「以物理定律允許的速度」來滿足我們對瞬間傳送的需求。如果是這樣的話，那麼有兩種方法可以實現傳送機：

一、傳送機能以光速將你傳送到目的地。

二、傳送機能以某種方式縮短你所在位置和目的地之間的
　　距離。

選項二可以稱為「通道」類型的遠程傳送。在電影中，這是一種打開通道的傳送，通常是透過蟲洞或某種超維度子空間，你可以經由它抵達其他地方。蟲洞是連接空間中遙遠兩點的理論隧道，而且物理學家已經明確提出，在我們熟悉的三個維度之外，還存在多個空間維度。

可悲的是，這兩個概念仍然處在理論階段。我們實際上沒有觀察到蟲洞，也不知道如何打開蟲洞或控制它通往何處。額外的維度並不是指你真正可以進入的地方。它們僅代表你身上粒子可能擺動的額外方式。

這跟我期待的
不一樣。

選項一其實更有趣。事實證明，我們可能在不久的未來就可以實現這件事。

★光速達陣

如果我們不能立刻出現在其他地方，或者在空間中抄捷徑，那麼我們可以盡快到達目的地嗎？宇宙的最高速度是每秒約三億公尺，已經快到足以將通勤的時間縮短到一秒鐘之內，

星際旅行用不著數十年或數千年的時間，而只需要數年。所以光速傳送仍然很棒。

為此，你可以想像一台機器以某種方式帶走你的身體，然後以光速將你的身體推向目的地。可惜的是，這個想法最大的問題在於：你太重了。事實是，你的體型太大了，無法以光速旅行。首先，僅僅將你身體中的所有粒子（無論是組裝在一起或以某種方式分解）加速到接近光速，就需要大量的時間和能量。其次，你永遠無法達到光速。無論你怎麼拚命節食或在健身房加強鍛鍊，都是徒勞無功，白費力氣。事實是，任何帶有質量的東西都不能以光速傳播。

不！還是沒有感覺。

像電子和夸克這樣的粒子是原子的組成成分，具有質量。也就是需要能量才能讓它們移動，而快速移動需要大量能量，尤其是達到光速更需要無窮大的能量。它們能以非常高的速度行進，但永遠無法達到光速。

由此可見，你自己本身以及構成你的分子和粒子，將永遠無法真正「傳送」。不但無法瞬間，也不能用光速。你的身體永遠沒辦法快速運送到某個地方，純粹是因為你體內所有粒子無法以足夠快的速度移動。

難道說，不可能瞬間傳送嗎？不見得！

瞬間傳送仍然可以藉由另一種方式發生，那就是，我們可以放寬「你」的定義。如果我們不傳送你本身、你的分子或粒子，而只是傳送了你的「概念」呢？

★你是資訊

光速傳送可能用如下方法實現：首先是掃描你，並將得到的資訊以光子束發送。由於光子沒有任何質量，能夠以宇宙允許的最高速限傳播。事實上光子只能以光速傳播（沒有緩慢移動的光子這回事）。[4]

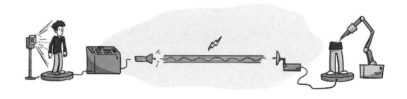

光速傳送的基本步驟如下：

一、掃描身體並記錄所有分子和粒子的位置。

二、藉由光子束將資訊傳送到目的地。

三、接收資訊並使用新粒子重建身體。

*| 4　在真空環境之下。

　　這可能嗎？人類在掃描和 3D 列印技術方面取得了令人難以置信的進步。如今，磁振造影（MRI）可以將人體掃描到 0.1 公釐的解析度，大約是腦細胞大小。科學家已經使用 3D 印表機列印出愈來愈複雜的活細胞群（稱為「類器官」），用於測試抗癌藥物。我們甚至製造了可以抓取和移動單原子的機器（掃描穿隧顯微鏡）。因此不難想像，或許有一天，我們真的能夠掃描並列印出整個身體。

　　然而，真正的限制可能不是技術，而是哲學。畢竟，如果有人複製了你，那真的是你嗎？

　　請記住，構成你身體的粒子並沒有什麼特別之處。所有同樣類型的粒子都完全相同，毫無二致。每個電子都跟其他所有電子一模一樣，夸克也是如此。從宇宙工廠生產出來的粒子並不具有獨立個性或任何可供區別的特徵。任意兩個電子或任意兩個夸克之間的區別，只在於它們各自所在的位置，以及與哪些其他粒子在一起。[5]

---

* | 5　電子實際上只是布滿空間的量子場中自我維持的小能量束。當電子移動時，這意味其舊位置的場停止振動，而新位置的場開始振動。所以在量子層面，粒子的每一次運動都可以視為瞬間傳送！

但是你的副本有多像你呢？嗯，這取決於兩個關鍵。首先是掃描和列印技術的解析度。傳送機可以讀取和列印你的細胞、分子、原子、甚至基本粒子嗎？

第二個關鍵的問題更大，取決於微小細節。你的副本細節需要達到什麼層次才能視為你呢？事實證明，這是個懸而未決的問題，答案可能取決於你有多少量子自我意識。

★你的量子副本

需要記錄多少資訊才能重建你的忠實副本呢？瞭解身體中每個細胞、連結的位置和類型就足夠了嗎？或者還需要知道體內每個分子的位置和方向？或者，是否還需要深入研究記錄每個粒子的量子態？

你體內的每個粒子都有量子態。量子態會告訴你粒子可能在哪裡，可能會做什麼，以及如何跟其他粒子聯繫。因為你只能說每個粒子可能會做什麼，所以總是存在一些不確定性。但是，量子不確定性是使你成為你的重要環節嗎？或者它所發生的層面實在是太小，以致它並沒有真正影響重要的事情，比如你的記憶或你對事情的反應？

乍看之下，你每個粒子中的量子資訊似乎不太可能對「你是誰」產生影響。例如，你的記憶和反射儲存在你的神經元及其連結中，而神經元比粒子大非常多。在這種規模下，量子漲落和不確定性趨於平均值。如果你巧妙的打亂你體內一些粒子的量子值，你能區別出它們的差異嗎？

辯論這個問題的答案可能不適合物理學範疇，而更適合哲學書，但在這裡我們至少可以考慮一些可能性。

☆當你沒有那麼量子

如果事實證明，粒子量子態在塑造你的過程中沒有發揮作用，而僅僅重新創造細胞或分子的排列方式，就足以製作出像你一樣思考和行動的分身，這對你下一個假期來說絕對是個好消息，因為傳送變得容易多了。你只需要記錄人體所有小片段的位置，然後在其他地方以完全相同方式將它們組合起來。就像是一邊拆掉樂高建築，一邊寫下說明，然後將說明發送給另一個人來建造。現代技術似乎正在朝著這一目標邁進，有朝一日定能實現。

當然，它不會是你的精確副本，這可能會讓你懷疑是否在傳送過程中遺漏了某些內容。

這種傳送會像是不發送完整圖像，而是傳送 JPEG 格式壓縮圖片檔嗎？你在另一端會不會看起來有點邊緣模糊，或者感覺不像自己？你可以忍受損失的逼真度，取決於你希望在多短的時間內到達下一個恆星系統。

☆當你完全是量子

但是，如果你真的依賴量子資訊，而你那不可磨滅的特質或魅力，統統來自於全身上下每個粒子的量子不確定性呢？這聽起來有點像新世紀胡言亂語，但如果你真的想確定，從這台傳送機另一端產生出來的副本和你完全一樣，毫髮無差，那麼你必須一路量子化到底。

這是你的
量子靈魂！

壞消息是，這導致傳送問題變得加倍困難。真的，任何課題扯到量子都很難，但複製量子資訊的想法卻是難上加難。

原因在於，從物理學的角度來看，技術上不可能一次到位通盤瞭解粒子的所有資訊。測不準原理告訴我們，當你非常準確的測量一個粒子的位置時，你無法知道它的速度，而當你測量它的速度時，你也無法知道它的確切位置。而且不僅僅是你不知道，還有更深層的含義：位置和速度的資訊並不同時存在！每個粒子都存在固有的不確定性。

對於一個粒子而言，你唯一所知的，只有它出現在某處的機率。那麼，你如何製作與原始機率相同的量子副本呢？

★製作量子副本

讓我們思考如何製作一個粒子量子副本。如果你堅持讓光速傳送機複製出來的副本與現在的自己完全吻合，那麼接下來要說的幾乎是你唯一選擇。

將粒子複製到量子層次，代表你要複製粒子的量子態。粒子的量子態包括位置和速度、量子自旋或任何其他量子特性的不確定性。它實際上不是一個數字，而是一組機率。

問題在於，要從單一粒子中提取量子資訊，必須以某種方式探測該粒子，就會對它產生干擾。即使只是觀看某物，也會涉及到光子的反彈。如果你向一個電子發射光子，你可能會瞭解它的量子態，但你也會打亂它。這不是因為我們不夠聰明，也不是因為我們還沒有開發出足夠精細的探測器。量子「不可複製」定理告訴我們，在不破壞原始資訊情況下讀取量子資訊是天方夜譚。

那麼，究竟要怎樣才能夠複製看不到或摸不著的東西呢？雖不容易，但辦法還是有的，我們可以使用「量子糾纏」。量子糾纏是種奇怪的量子效應，說明兩個粒子的機率如何聯繫在

一起。例如兩個粒子經由交互作用，導致你無法知道它們的自旋方向，但你知道自旋方向彼此相反，那麼這兩個粒子稱為「糾纏」。如果你發現一個自旋向右，那麼另一個必須自旋向左，反之亦然。

「量子遙傳」的工作原理是將兩個粒子糾纏在一起，然後像傳真機電話線的兩個端點一樣使用它們。例如你可以將兩個電子糾纏在一起，然後將其中一個發送到比鄰星系的行星。兩個電子待在那裡等待複製時，仍然保持糾纏態，直到你準備好啟動複製過程。

接下來的過程變得有點複雜，但基本的原理是，你使用近端的糾纏電子來探測想要複製的粒子，交互作用後能夠取得必要資訊，讓遠在比鄰星系那端的電子成為你想要精確量子複製的粒子。

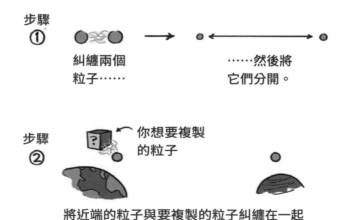

步驟 ① 糾纏兩個粒子……　……然後將它們分開。

步驟 ② 你想要複製的粒子

將近端的粒子與要複製的粒子糾纏在一起

窺視但不破壞量子態

和另一邊的人分享你所看到的資訊

**該資訊使遠端的人能夠將
第二個粒子轉換為量子副本**

　　令人驚訝的是，人類已經成功實現了單粒子甚至小群粒子的量子複製。[*6] 迄今為止，最遠記錄是在相距一千四百公里的兩點之間進行量子複製。雖然還不能讓你到達比鄰星 b，但千里之行，始於足下，這是個令人振奮的開始。

---

* 6　請注意，儘管這很酷，但量子遙傳無法讓你做任何比光速更快的事情，因為它仍然需要使用僅限於光速的通信傳輸來分享你所看到的內容。

將量子複製機的應用擴展到多粒子並不容易。你體內有 10^{26} 個粒子,所以規模尺度變得異常複雜,成長得非常快。但最大關鍵在於,這還是有可能辦到。

至於說,那位用量子重組出來的人,真的是你嗎?嗯,這將是你所能建造出來最忠實的贗品。如果那還不是你,那你又是誰?

★太多你了

這種傳送想法有個棘手的潛在問題:最終可能會複製出多個你的副本。假如你有一台不複製量子資訊的低逼真度傳送機,可以想像用它來複製你時會發生的狀況。你可以掃描自己的身體,然後將這些資訊傳送到比鄰星 b,或傳送到羅斯 128b(離地球第二近的適居行星,十一光年),或傳送到任意數量的其他行星。甚至,你也可以在本地列印副本。這些分身可能不是原始文件的精確量子副本,但他們的相似程度足以產生各種倫理和道德問題。

太好了!你們能幫我寫這本書嗎?

不。我們也有延宕症。

　　幸運的是，傳送機的量子複製版本有個可取之處。量子理論雖然允許你複製量子資訊，但同時也要求原始資訊在複製時被破壞。無論這項技術最終以哪種方式工作，掃描過程都不可避免的會藉由干擾所有量子資訊來破壞原件。這代表你發送的副本是唯一存留的限定版。

★傳送不再是新鮮事

　　回顧本文，將自己瞬間傳送到他處的想法絕對可行。如果你能容忍光速傳輸延遲，並且接受掃描和重組出來的你是真實的你，那麼「傳送」可能會在你的未來出現。

　　當然，我們忘了一個重要注意事項：若要像本章描述的那樣傳送到某個地方，另一邊需要有台機器來接收你的資訊並重建你。換言之，如果有一天你想將自己傳送到另一個星球，必須先有人用老方法「旅行」到那裡，把傳送機器帶過去。

　　有自願者嗎？

我下次放假要用。

傳送機
3000

7.

有另一個地球嗎？

備而不用是個好習慣。

如果在上班時，你不小心把咖啡灑在褲子上，這時候該怎麼辦呢？放輕鬆，你只需要拿出收在辦公室抽屜裡的那條備用褲，問題就解決了。或者，你家孩子在睡前弄丟最喜歡的特殊絨毛玩偶呢？你會很慶幸，在某次宜家家居購物時，買了五個一模一樣的玩偶。

等等！可可聞起來不一樣。

呃……

在這個瘋狂的隨機宇宙中，生活可能非常難以預測。因此，為重要事物多準備一個備份，是很合理的事。而且愈重要

的東西，你就愈應該付出更多心力為它備份，不是嗎？因此，
聽眾來信詢問「我們是否有另一個備用地球」便不足為奇。你
知道的，就是以防萬一。

> 🧑 聽眾鮑勃
> 我很喜歡你們的節目。我把
> 咖啡灑在地上了。我們有備
> 用的地球嗎？

　　當然，若只是打翻咖啡，我們不需要將整個文明轉移到另
一個星球上。不過，這個想法雖然荒謬，但仍然是個理由。畢
竟，有很多可能原因導致我們需要一個新家。

　　例如，如果我們發現一顆小行星，巨大到足以毀滅行星，
而且正朝著地球飛來呢？或者，如果有一天，掃地機器人厭倦
了跟在我們身後清理髒亂，決定接管地球，將我們踢出去呢？

喔！不。

又或者，如果超新星在地球附近爆炸，用致命的輻射衝擊地球，並殺死每個人呢？顯然，擁有另一個我們可以稱之為家的星球，是個好主意。否則，我們實際承受的風險太高，就像是將所有雞蛋放在同一個籃子裡，只要籃子一打翻，所有雞蛋都會摔破。

但是，要找到第二個家談何容易？究竟是我們運氣好遇到地球，亦或宇宙中其實存在許多舒適宜居的行星呢？假設我們擁有全世界的金銀財寶，並且持續執行終極任務——「找房子大作戰」。

★宇宙鄰居

每個在辦公室裡多留一條褲子的人（誰沒有？）都知道他們這樣做的個中原因。當你需要備份時，會希望備份唾手可得。同樣的，如果我們能在太陽系中找到另一顆行星居住，那就太好了！假使地球突然發生狀況，我們不必進行數百年的太空旅行，可以直接跳到新房子，這將省去很多麻煩。

不幸的是，我們在太陽系中的好選項沒有那麼多。

讓我們從最近的鄰居「金星」說起。金星幾乎是不可能居住的地方。金星地表溫度超過攝氏 427 度，大氣壓力是地球的九十倍。換句話說，萬一發生災難，金星不是個撤退的好備案。

你要離開我去它那裡？

　　我們另一個最近的鄰居是火星。火星景色優美，豔麗如畫，在霧霾籠罩的日子裡，看起來就像是美國亞利桑那州的彩繪沙漠。但火星也不是我們賴以生存的好選擇。科學家認為，火星上曾經出現過如同地球一樣的全行星磁場，但在某個時候消失了。確切原因雖無定論，但很可能是由於火星核心冷卻，鐵鎳熔岩核不再活躍所致。

　　很少有人意識到全行星磁場有多麼重要：基本上，它充當力場，保護我們免受致命的太陽風侵襲。沒有了磁場，我們不僅會受到致命輻射轟擊，另一個大問題是，大氣層也會被吹走。如果沒有大氣層，行星就無法保持任何熱量，會因此變得異常寒冷。火星的現狀是另一種更糟的情況，而且未來有可能發生在我們星球身上。

　　這兩顆行星之外，其他行星並沒有比較好。位置就在金星旁邊的水星，情況也是非常糟糕。它距離太陽只有五千七百萬公里，而且幾乎不自轉。也就是說，水星的一側總是炸得酥酥脆脆，而另一側總是冰得天寒地凍。它相當於地球上的點心「熱烤阿拉斯加」：非常適合做甜點，但不太適合容納數十億宇宙難民。

啊！翻面！翻面！

　　遠離太陽，我們的選擇並沒有太大改善。

　　火星以外的行星，要嘛太黑暗、太氣態，要嘛太冰冷。

　　木星和土星基本上是巨大的氣體球。大氣層主要由氫和氦組成，即使你能在其中存活下來，也沒有任何站穩腳跟之地。它們的固體核心位於行星深處，承受著龐大壓力，主要由金屬氫組成。

　　離太陽最遠的行星，海王星和天王星，也不是好地方。這些行星是巨大的冰球，所以又稱為「冰巨星」。搬到其中任何一個行星居住，就像在南極洲建造避暑別墅一樣。

　　科學家觀察到，當小天體繞經海王星和天王星時，呈現出相當奇怪的軌道模式，並認為，那裡可能隱藏著另一顆行星，稱之為「X 行星」。不過，也有科學家認為，它也可能是暗物

好奇怪！我總覺得這裡不是只有我們存在。

質團，甚至是大霹靂遺留下來的黑洞。遺憾的是，即使有這顆行星存在，它也太冷了。

我們太陽系中的衛星呢？有像樣一點的衛星可以讓我們居住嗎？木星和土星是如此之大，以致它們的某些衛星與太陽系內行星一樣大。可悲的是，其中大部分也是冷凍固體。木星的衛星「埃歐」有熱火山。但是在埃歐上，你必須在冰凍的表面（攝氏零下 130 度）或熾熱的火山（攝氏 1,650 度）之間做出選擇。舒適的中間地帶並不存在。

因此，當我們尋找宇宙中的第二個家時，在太陽系裡似乎挑不到任何好地方。我們似乎處在一個尷尬的狀況，位在黃金地段，擁有最好房子，卻找不到次佳房地產。沒錯，我們是時候該放下附近行星，目光瞄準到宇宙其他地方了。

★太陽系外行星

有很長一段時間，我們不太清楚，太陽系之外是否有許多行星存在，或太陽是不是唯一擁有行星的恆星。歷史上所有偉大的思想家，從柏拉圖到牛頓，從伽利略到愛因斯坦和費曼，都仰望天空，思考這個亙古難題。不幸的是，他們直到臨終，仍無法參透這個問題的答案，而我們一直到大約二十年前才破解這個謎團。

想一想，你是多麼幸運。在你還活著的當下，我們已經發現宇宙中真正存在的東西。今天，人類已經找到了方法，能探測甚至觀察其他恆星周圍的行星，而這個古老問題的答案是：

宇宙有很多行星，數不勝數。

　　幾千年來，人類始終認為只存在一顆行星，也就是地球。直到很久以後，我們才意識到，可能有其他行星存在。古代巴比倫人是最早提到這個想法的文明之一。在三千多年前，他們已經知道木星軌道以內的六顆行星，並用泥板記錄它們的運動。接著很長一段時間，我們對太陽系的理解進展相當緩慢，一直到望遠鏡問世。

　　望遠鏡讓早期的科學家研究恆星，並更清楚的思考它們與太陽有多相似。如果太陽有這麼多行星，也許其他恆星也可以擁有許多行星。當我們開始意識到銀河系的規模龐大、其中包含大量恆星時，可能擁有的行星數量就爆炸了。天文學家意識到，我們銀河系中的行星數量可能達到數千億。

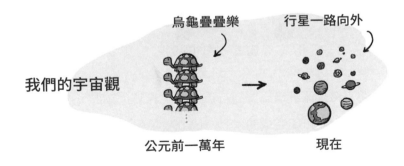

　　然後在 1995 年，科學家終於開始看到這些行星。藉由觀察恆星發出的光頻率變化，他們想出如何判斷一顆特定的恆星是否被圍繞它運行的行星拉動。這是個不朽的成就。表示我們可以在不直接觀看行星的情況下探測行星，這是很難做到的。

在 2002 年，我們想出了另一種探測行星的巧妙方法。如果有顆行星圍繞一顆恆星運行，並且這顆行星從我們和恆星之間經過時，我們實際上可以看到恆星發出的光強度在行星擋住它的視線時陷落。這就是克卜勒望遠鏡過去幾年一直在做的事情：它拍攝數千顆恆星的照片，並尋找可以告訴我們哪些恆星有行星凹陷特徵。

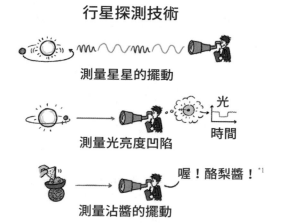

行星探測技術

測量星星的擺動

光　時間

測量光亮度凹陷

喔！酪梨醬！[1]

測量沾醬的擺動

在直接觀測恆星周圍的行星方面，我們也取得了進展。這幾乎是一項不可能完成的任務，因為恆星除了距離遙遠之外，與圍繞運行的任何行星相比，它們太過明亮。若要看到一顆環繞遙遠恆星的行星，就如同站在洛杉磯，試圖看到遠在紐約港口，巨大燈塔旁的一支小蠟燭。然而，天文學家已經做到了：人類已經擁有其他行星的圖片，雖然模糊但是真實。

---

*｜ 1　譯注：凹陷及沾醬英文皆為 dips，作者取雙關語。

　　所有這些技術都極大的提高我們探測其他行星的能力。我
們實際擁有的數據，已經從太陽系中的八顆行星，擴展到數千
顆行星。

　　我們瞭解到，宇宙充滿了行星。就在銀河系中，我們認為
有數千億個行星。想像一下滿星夜空，再想像當中的每一顆恆
星都有好幾顆行星圍繞運行。

　　所有這些數據可能會讓你認為，我們有很多選擇來尋找第
二個地球。但是這些行星中，有多少是真的適合我們居住呢？
任取其中一個，能夠像我們目前擁有的地球一樣舒適愜意，這
樣的可能性有多大呢？

嗯，照片上看
起來比較好。

★一個美好的家園

　　如果你要去另一個星球上定居，必須經歷打包所有東西的
麻煩，那麼在打電話給搬家公司前，你可能需要先檢查一些事
項。畢竟，你不會希望選擇好一個星球，搬到那裡時才發現它
沒有足夠的浴室供每個人使用。以下是去尋覓行星時需要注意
的事項列表。

☆地段近

　　我們認為平均每顆恆星約有十顆行星，這代表宇宙中必定有數兆顆行星。如果宇宙有無限大，那麼甚至可能有無數行星存在。但實際上，我們能接觸到多少呢？離我們最近的星系（仙女座）大約有兩百五十萬光年遠。想像你和孩子要一起坐在車裡度過兩百五十萬年，聽起來就不太吸引人，你可能會希望將選擇局限在銀河系行星上，銀河系寬度約為十萬光年，更易於辦到。

☆堅若磐石

　　如果你去過很多行星看房子，很快就會發現，行星基本上有兩種類型：有岩石和沒有岩石。顯然，「岩石行星」主要成分是岩石，它們具有各種優勢，例如：你能夠站在上面走動。另一種行星是「氣態行星」，它提供令人著迷的東西，好比百年歷史、地球大小、猛烈的風暴，但缺乏基本的便利設施，例如：上面沒有可以讓宇宙飛船著陸的地方，甚至連一塊地都找不到。

　　岩石行星有多少顆呢？幸運的是，有很多！科學家瞭解到，銀河系中的大多數恆星平均至少有一顆岩石行星。對於喜歡將房子建在堅實地面上的人來說，這是個好消息，因為這代表銀河系中至少有一千億顆岩石行星，體積尺寸範圍從地球大小到超級地球大小（高達地球十五倍），一應俱全。

這顆岩石行星也太搖滾了吧？

☆適居帶

在你開始慶祝我們的第二個家有其他選項前，請審慎思考，隨機生活在一個岩石世界中會是什麼感覺。有些行星可能非常接近它們的母恆星，因此你會受到恆星輻射衝擊，並像水星一樣被炸得酥脆。或者它們可能在遙遠的軌道運行，如果你站在它們上面抬頭看，母恆星看起來就像任何其他恆星一樣，正在發光照耀一個冰凍無生命的岩石球。

如果你要選擇一個星球居住，你會希望它離太陽不要太近也不要太遠，就不會過熱或過冷。科學家為這個房地產黃金地段取了一個完美的名字「金髮姑娘區」，也就是適居帶。

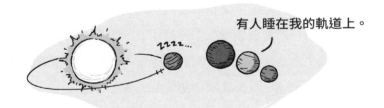

有人睡在我的軌道上。

　　有趣的是，每個恆星的金髮姑娘區都不一樣。對於超熱巨星來說，舒適的距離非常遙遠。對於寒冷、黯淡的恆星，你會希望靠得更近以避免凍結。銀河系中的大多數恆星（大約七成）屬於較小的種類（稱為 M 矮星、紅矮星），通常比我們的太陽要暗得多。

　　令人驚訝的是，如果只挑選位於恆星金髮姑娘區的行星，會使我們可以殖民的可能行星數量減少大約兩倍，畢竟大多數岩石行星都離它們的太陽很近。

　　這聽起來很容易，對吧？你已經可以想像，自己悠閒的躺在新星球的游泳池畔，怡然自得的深吸一口氣。什麼？糟糕，我們忘記檢查大氣層了。

☆哦，是的，還有大氣層

　　在地球上，我們能夠自由自在的呼吸，已經習慣了新鮮空氣，但經常忘記自己是多麼幸運。並非每個行星都有這麼一層超薄氣體，有助於使我們的生命成為可能。之所以說是幸運，是因為大氣層很稀有，而且實在太容易丟失了。

　　在地球上，絕大部分的大氣層是由早期火山噴發形成。你可以認為自己呼吸的空氣是地質消化不良的結果。但並不是每個星球都會經歷這個過程。即使發生了，嗝出來的氣體也經常會全部消失在太空中。太空輻射（通常來自恆星）不斷試圖將大氣層吹離地球，就像風吹在便宜的假髮上一樣。

　　但是，我們如何判斷哪些適居帶岩石行星也有大氣層呢？

如果走了那麼遠的路程，卻在到達目的地之後窒息而死，未免也太可惜。幸運的是，科學家還想出方法檢測遙遠行星的大氣層。也許你會懷疑這怎麼可能辦得到，畢竟我們連行星模糊、像素化的視圖，都只有屈指可數的量。

祕密一樣是藏在光明中。

當行星擋在恆星前面時，它會阻擋一些恆星光線。但有一小部分的光穿過行星大氣層，改變了顏色。就像地球的日出和日落一樣，太陽發出的光穿過更多大氣層，因此看起來更紅。其他恆星周圍行星上的日出和日落，也為我們提供線索，用來判斷它們的大氣是美妙新鮮，還是會立即酸蝕我們的肺。

令人驚訝的是，我們甚至可以判斷某些遙遠行星的天氣。藉由觀察行星繞恆星運行時的大氣變化，我們可以推斷出諸如氣流和溫度之類的特性。這個辦法行之有效！天文學家已經在遙遠的行星周圍發現了大氣層，甚至在最近大約一百二十光年外發現了一個微型海王星（或許能稱為「小海王星」？），它具有水蒸氣的特徵光譜。大氣中含水分子，代表行星表面可能有液態水，甚至也有海洋。所以帶上你的泳褲吧！

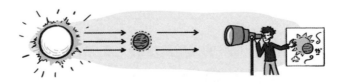

氣象預報是晴天，並且有人類入侵的可能

　　當然，你想要的不只是溫暖的大氣層，還希望在吸入體內後不會立即斃命。如果我們新家的空氣具有地球上所有新鮮空氣成分，那就太好了。不幸的是，可呼吸的氧氣在宇宙中似乎很少見。我們在地球上之所以擁有氧氣，是因為大量微生物進行光合作用，產生了氧氣這項副產品。這個過程在地球上花費數十億年，遠比我們等待搬進新家的時間要長得多。

　　因此，如果我們要找到新家，我們需要找到一個在十億年前就已經開始這一過程的行星，也就是我們需要找到已經存在生命（即微生物生命）的行星。這幾乎與我們平常尋找房屋的方式相反。在地球上，沒有人願意買一棟充滿細菌的房子，但對於第二個星球，你希望找到一個被細菌接管的房子！

★收拾你的行李（和你的備用褲）

　　總之，要找到一個好的備用星球來生活，我們需要比金髮姑娘更挑剔。我們知道在銀河系的適居帶有數十億顆岩石行星，但其中有多少具有保護性的大氣層，和能夠製造可呼吸氧氣的細菌呢？在外太空尋找大氣層和生命的科學還太新，我們

無法很精準的估計擁有合適條件的行星數量。但事實上，我們已經發現了一些擁有大氣層的行星（其中甚至可能有生命跡象），這告訴我們找到備用地球也許並非不可能。

雖然太陽系外面可能有舒適、類似地球的行星存在，但我們是否能找到它們仍然是個問題。即使我們在銀河系的另一邊，找到了另一個完美的地球，我們仍然必須長途跋涉才能抵達，這段路程長達十萬光年，令人望而生畏。我們不知道是否可以旅行那麼遠，甚至不曉得是否能在太空中生存那麼久。我們現在擁有的地球，可能是我們能得到的唯一。

因此，在曲速引擎或蟲洞成為現實之前，請留意你的掃地機器人，看在上帝的份上，盡量不要打翻你的咖啡。

等等。蓋子蓋好沒？

地球

8.

什麼因素阻止我們星際旅行？

星際旅行是一件令人興奮的事。光是寫下「奔向星空！」這句話，就能讓我們熱血沸騰。讓我們衝出窄小的行星牢籠，探索浩瀚無垠宇宙，邁向人類重大里程碑。

人生必做夢想清單

發明智慧手機　　　製作十一部　　　星際旅行
　　　　　　　　　星際大戰電影

在整個歷史進程中，我們一直被局限在太空的一個小角落裡。除了那十二位踏上月球的太空人之外，所有曾在地球上行走的數千億人都被困在這個空間狹隘、岩石累累的家中。[1]

---

[1] 撰寫本文時，這十二名月球漫步者中，只有四個人還活著。因此，親愛的讀者，你離開過地球的機會大約是千億分之四。

即使是曾經逃離地球引力的十二個人，也幾乎沒有多少機會加以探索我們的宇宙鄰里。相較於銀河系的寬廣，他們到月球的短暫跳躍，不過是相當於離開房子去看看車庫罷了。

奇怪，鑰匙掉在哪裡？

然而，我們知道需要探索和體驗的東西多到數不勝數。

望遠鏡為我們提供了深遠廣闊的宇宙視野，讓我們得以看到遙遠的恆星和星系，瞭解到它們的數量不計其數，甚至捕捉到其他行星圍繞恆星運行的圖像，並進一步暗示了那邊生活環境的樣子。

深藏在我們所有人心裡的探險家都快被好奇心逼瘋了：這些行星到底是什麼樣子？它們有潛力成為人類未來的家園嗎？是否有外星人在那裡生活，可以與我們分享宇宙的深層祕密呢？星際旅行能夠讓我們回答所有諸如此類、甚至更進一步的問題。

　　但事實是，我們甚至還沒有離開太陽系。[*2] 究竟是什麼阻止我們探索宇宙？是因為現實的物理定律，或者只是相應技術的開發問題呢？讓我們來看看，是哪些挑戰使太空旅行成為一項艱苦卓絕的任務。

（沒有你想像中那麼危險！）

★這是一個大宇宙

　　正如我們從前幾章所瞭解到，太空真的超級無敵大。而且太空裡的物體相距實在非常遙遠。光是為了從地球到達最近的恆星，比鄰星，就必須航行四十兆公里。這長度挺接近銀河系裡恆星之間的平均距離，即四十八兆公里。就實質意義上來說，銀河系就像是廣闊無邊、空曠程度超乎想像的汪洋大海，地球如同海中的一座小島，而我們困在上面動彈不得。

　　不過，長距離的問題不在於難以穿越。因為太空大部分是空無的，所以沒有太多阻礙或任何空氣阻力。真正關鍵問題是，需要耗費多少時間才能走完這段距離。

---

*｜2　航海家 1 號（Voyager 1）在 2012 年離開了太陽系（或者更準確的說，是太陽圈）。

　　自人類有史以來，宇宙飛船能達到的最快速度是每小時四萬公里。如果用這個極速前往比鄰星，仍然需要花超過十萬年的長時間才能走完這段旅程。很明顯，我們需要走得更快。

　　如果你能讓宇宙飛船達到光速的十分之一（每小時一億公里），就可以在四十多年後到達比鄰星。對於假期旅遊來說，這段時間實在是太長了，不過，如果你打算永久搬到那裡，可能還算值得。如果你能走得更快，比方說光速的一半，那麼用不到十年的時間就可以抵達。

　　但是在比鄰星之外呢？如果我們想參觀銀河系的其他地方呢？銀河系有 1,000,000,000,000,000,000 公里寬，如果用光速的一半旅行，從一端出發到達另一端，大約需要 200,000 年。即使你能以四分之三的光速前進，仍然需要 133,333 年才能達陣。

幸運的是，一旦你達到光速的四分之三，物理學就會幫助你打發時間。在這樣的速度下，相對論效應開始變得顯著。當你走得那麼快時，時間走的速度對你來說就不同了。從你的角度來看，船前面的空間被縮短，所以你覺得到達那裡所需要的時間更少。如果你達到光速的 99.999999%，那麼從你的觀點來說，到達銀河系另一邊的旅程只需要三十年。如何，聽起來還不賴吧！[3]

然而，困難在於如何讓宇宙飛船達到令人難以置信的速度。這需要耗費極大能量。動能公式大致與 mv^2 成正比，其中 m 是你的質量，v 是你的速度。速度平方項 v^2 是關鍵，因為這代表速度加倍需要將能量增加到原來的四倍。

一艘用來建立殖民地的中型船，載滿足夠乘客和設備，可能會有幾百萬公斤重，將這麼多質量加速到光速的一半，需要有夠誇張的能量：大約五十垓（1 垓 = 10^{20}）焦耳，或等於地球上每個人一年所消耗能量的一百倍。

油箱加滿。　這要花一百年喔！

*| 3　當然，當你到達那裡時，留在地球上的每個人都已經死了幾萬年。

你要從哪裡獲得這些能量呢？更重要的是，你要如何攜帶這些能量？

★牙籤問題

考慮太空旅行問題就像是考慮「牙籤問題」。在這裡，我們指的不是「如何在地球和半人馬座之間建造牙籤橋？」，而是「如何將牙籤加速到接近光速？」乍聽之下，並不困難。不過是一根小小牙籤，能有什麼難度呢？但是，當你考慮的加速地點位在太空中時，問題變得相當棘手。

飛向宇宙，浩瀚
無「牙」！[4]

牙籤問題

火箭是最常見的太空動力推進系統。因此，你可能會認為答案很簡單：用火箭來推動牙籤就好啦！不過，火箭不僅需要推動牙籤，還必須推動提供所有動力來源的燃料，這是一個大問題。由於攜帶的燃料愈多，太空火箭就愈重，所以需要更多

---

*　4　譯注：電影《玩具總動員》主角巴斯光年的口頭禪「飛向宇宙，浩瀚無垠！」

燃料。這個循環會不斷持續下去，導致大部分承載燃料只是為了推動燃料本身。例如，要將一根牙籤推動到大約十分之一的光速，需要的火箭油箱比木星還大！

無可否認，部分問題出在火箭本身，它的能量轉化效率確實低落。火箭可能很有趣又令人興奮（而且會發出獨特的隆隆聲），但它們並不是從事星際旅行的好方法。當火箭燃料燃燒時，燃料本身的某些化學鍵會遭到破壞，從而釋放能量。但對於儲存在燃料本身質量中的能量來說，不過是九牛一毛。

原則上，你可以從 $E = mc^2$ 得知燃料中能提取多少能量，而化學燃燒只能提供大約 0.0001% 的能量。要從火箭燃料中產生一焦耳的能量，你需要大約一百萬焦耳的質量。

★更高效率的燃料

燃燒火箭燃料基本上是十九世紀的技術，我們能做得更好嗎？

如果我們能找到一種更高效率的燃料，那麼牙籤問題就變得輕而易舉。例如，假使你能找到一種燃料，可以在相同重量下提供更多能量，那麼你的牙籤油箱就不需要這麼大了。

　　但是，能量更大的燃料處理起來相當困難，而且可能更加危險。以下是一些有趣的選項，可能會讓太空旅行變得易如反掌。

☆核彈

　　核能，因為它釋放的能量不只是儲存在原子與原子間的鍵結，而是儲存在原子核內，所以核能比火箭燃料能量更深層。但我們不是談論在宇宙飛船上建造核反應爐，效率還是太低了。為了讓太空旅行順利進行，我們討論的是將核彈綁在飛船後面，然後將它們引爆。如果你建造一艘飛船，核彈比重占四分之三質量，然後一個接著一個引爆，由於核彈釋放能量的效率更高，就可以輕易加速到光速的十分之一。

登機吧。你會開心到爆。

　　這種方法聽起來很有希望，但也存在一些障礙。首先，目前國際條約規定，禁止在太空中使用核彈。其次，你需要大量核彈。要推動一艘大型宇宙飛船進行長途星際旅行，核彈需要量大約是目前地球上所有核彈的兩百倍。

☆離子驅動器

如果你對乘坐核爆衝擊波穿越太空不感興趣，那麼還有一種更乾淨、更高效率的選擇：粒子加速器，又名「離子驅動器」。

粒子加速器通常是用來做科學實驗，操作方式是用加速粒子撞擊物體，然後觀察接著會發生什麼事。但你也可以將它用於太空推進。就像子彈從槍裡發射出來一樣，射出的粒子為了遵守動量守恆定律，而會產生微小後座力。如果你往一個方向製造動量，就必須有相反方向的動量來達成平衡。發射子彈（或粒子）就像你在冰滑的湖面上將某人推開，你們兩人都會往彼此相反的方向移動。

離子驅動器只是大型的粒子加速器，會使用電能推動帶電粒子，將粒子從宇宙飛船後方射出。這種方式能非常有效率的將能量轉化為速度。缺點是它提供的推動力非常輕柔，你感覺到的後座力與粒子一樣小。因此，離子驅動器不能用來讓火箭從地球表面發射。但若在太空中，透過持續推動足夠長的時間，它可以讓你達到相當高的速度。

啾 啾 啾 啾

我以為太空旅行會更有尊嚴。

離子驅動器令人頭痛的部分是電力來源。在太空長途旅行中，為了獲得足夠能量，你需要一座重型核融合反應爐，或巨大的太陽能電板，這會增加質量並降低效率。幸運的是，粒子物理學也提供了一個解決這個問題的可能答案。

☆反物質

為了給離子驅動器提供動力，我們需要能夠發揮最高效率的能源，沒有什麼比把所有質量轉化為能量更有效的了。這就是反物質的威力。

反物質不是科幻小說的想像，而是真實存在的。我們發現每種物質粒子都有個對應的反粒子。電子有反電子，夸克有反夸克，質子有反質子。[*5]「反物質為何存在？」是個很大的謎團，但關鍵問題是，當物質和反物質相遇時，會發生什麼事？

當反物質碰到正物質時，它們會互相湮滅，所有的質量轉化為能量。例如，假使一個電子遇到一個反電子，它們就會變

嘿！這是我的
反人類！

不，你才是我的
反人類！

當太空劇變成肥皂劇

---

*　5　我們尚不確定微中子是否有獨立的反微中子，又或是它們就是自身的反
　　　粒子。

成一對光子，即一對光的粒子。所有正反物質對都是如此。能量轉換效率非常高，只需要些許的反物質與正物質結合，就會釋放出大量能量。如果葡萄乾碰到由反粒子製成的反葡萄乾，釋放出的能量遠比核爆更多。

雖然這個想法聽起來很有希望，但同時也非常危險。如果任何反物質燃料接觸到飛船（正物質），馬上就轟然炸裂。一般來說，你會希望提供飛船推進的動力，來自於可以控制的能量釋放，而不是突然爆炸將你撕成碎片。因此，攜帶反物質非常困難。你也許會想用磁場來控制它，但效果可能不會持續太久。只要些微的洩漏，一切就完蛋了。

反物質燃料的另一個問題是，要弄清楚從哪裡獲得。雖然我們目前擁有高能粒子碰撞的製造技術，但成本高得驚人。歐洲核子研究中心（CERN）的對撞機每年製造數皮克 [6] 的反物質，每公克的成本高達數千兆台幣。如果將生產規模擴大到足以提供動力給整個宇宙飛船，成本會高昂到令人望之卻步。

☆黑洞能量

為了提供宇宙飛船百分之百的動力效率，另一個可能的想法是使用黑洞。黑洞是在宇宙中最緻密的能量儲存方式。

事實證明，黑洞也會釋放能量。黑洞會產生名為「霍金輻射」的東西。科學家預測：當黑洞邊緣附近產生一對粒子時，就會發生這種輻射。

*| 6　譯注：一皮克是 10^{-15} 公克。

　　由於量子漲落，正常空間中會一直不斷產生粒子對。但是當粒子對發生在黑洞邊緣時，有趣的事情就出現了。這些粒子從黑洞引力中獲得一點能量（基本上是借用一些能量）。如果其中一個粒子逃逸，而另一個粒子被吸回，這時逃逸粒子就會帶走部分黑洞能量。

　　就本質來說，黑洞失去能量也代表失去質量。藉由這種方式，黑洞基本上將部分能量轉化為輻射，從邊緣往外放射粒子。如果你能捕捉到這些粒子，就可以用來做為飛船推進的動力。

　　物理學家認為，大黑洞發出的霍金輻射非常微弱，小黑洞的輻射要強烈得多。一個與數座帝國大廈同樣重的「小」黑洞會釋放出大量粒子，顯得非常明亮，而且透過這個機制，小黑洞會逐漸將儲存在質量中的能量轉化為輻射，直到完全釋放。

　　要實現這個想法，我們可以在建造飛船時，把黑洞放在飛船的正後方中心點，接著讓所有粒子往後輻射出去。產生的脈衝足以推動飛船前進。當飛船向前移動時，它的引力會拉動身後的黑洞，讓這個瘋狂的黑洞驅動裝置與飛船同步前進。

等等，是我們在駕馭黑洞，還是黑洞在駕馭我們？

製造小黑洞做為燃料並不容易，但如果我們能做到，科學家認為，它們可以持續幾年釋放能量，直到完全蒸發。

★遠航

到目前為止，我們提出了三個驅動宇宙飛船的法子：核爆炸、致命反物質及危險黑洞。如果你對以上方案皆有疑慮，因而打消拜訪其他星球的念頭，我們完全可以理解。

遺憾的是，如果你拘泥於一個想法，非得把旅行所需的燃料全部打包，那麼就很難找到比這三種更有效率的燃料。

但如果有一種不同方式，可以讓你遨游在浩瀚太空中，甚至航行到另一顆恆星或行星呢？

畢竟，這就是人類首次航行在公海的方式。我們沒有像現在那樣帶上所有的燃料。水手們依靠風將他們推向目的地。如果有類似的東西可用於太空旅行呢？

太陽帆聽起來有點傻，但確實是選項之一，而且是一項經過驗證的技術。這個想法是讓飛船有個寬大的區域來捕捉粒子，就像風帆捕捉風一樣。當粒子從帆上反彈時，會將動量傳遞給帆，從而推動飛船。

這些粒子從哪裡來？慶幸的是，我們有個能夠產生高速粒子的巨大能源：太陽。它是個很棒的核融合球，不斷的向四處發射光子和其他粒子。若想要駛出太陽系，你只需要把粒子捕捉器指向太陽，讓它的光線和輻射輕柔的將你推向宇宙。

準備好去探索了嗎？

　　有一點需要注意的是，太陽光線不夠強大，無法讓飛船達到星際旅行所需的速度。隨著距離太陽愈來愈遠，太陽風會變得非常微弱。一個可能的解決方案是，在地球上建造一座巨大雷射，瞄準離開地球的宇宙飛船，基本上是從地球推動它。另一個解決方案是，建造巨大的鏡子來聚焦太陽能量。兩種想法都可以為飛船提供所需的加速度，以達到光速的十分之一或更高速度。

★那麼我們還在等什麼？

　　我們懂了。這章討論的想法雖然看似瘋狂，但從物理學的角度來看，在理論上都是可行的！也就是說，沒有什麼障礙能阻止我們訪問其他恆星。我們知道怎麼做，別找藉口，別想太多，就動手去做吧！

　　即使星際旅行可能價格高昂而且過程複雜，但物理並不是問題，這情況幾乎就像是宇宙在鼓勵我們開始行動一樣。你也

許會認為，創造和管理黑洞是不可能的事，或者不可能在不接觸反物質的情況下把它裝瓶。但是，想想過去歷史，有多少事情人類曾經認為不可能做到，最後卻都實現了呢？

　　我們所需要的，只是勇於想像的遠見，和堅持到底的毅力。讓我們呼應宇宙的呼喚，將目光投向最遙遠的地平線。激發內心的探索者放手一搏，目標……奔向星空！

9.

小行星會撞擊地球造成人類滅絕嗎？

天有不測風雲，人有旦夕禍福，你永遠不知道死亡何時降臨。

這是一般人面對死亡的傳統智慧。

對於人類來說，生命充滿驚喜可能特別正確，這同時包括生命結束的方式。畢竟，太空是個巨大、不可知的空無，也是個危險的地方，充滿了爆裂恆星、超大質量黑洞和潛在邪惡外星生物。我們是脆弱的生命，只能拚命抓住一個在黑暗中傾斜的小行星。

幸運的是，據我們所知，超新星和黑洞（以及外星人）短期內不會在我們附近出現，但還是有種危險可能會降臨在我們身上，導致我們提早死亡，那就是岩石。太空中到處都是龐大岩石，不斷的以極高速度呼嘯而過，粉碎任何擋在它們行進方向的路障。

「太空岩石可能是潛在危機」，如果你對這個說法有任何疑義，只需要看看太陽系中沒有大氣層保護的那些衛星或行星表面就知道了。你會看到無數的隕石坑，其中一些甚至寬達數

千公里，每一個都是宇宙劇烈碰撞的證據。例如我們自己的月球，上面的隕石坑數目高達數百萬個，遠比青少年臉上的痘痘還要多。

這不禁讓很多人懷疑：我們是下一個受難者嗎？一塊大石頭撞擊地球並毀滅人類的可能性有多大？這些高速岩石到底是從哪裡來的？

呼！好險，被我躲開了！

★太空中的岩石

當你想到危險的巨型小行星時，可能會認為它們來自太陽系外遙遠的太空深處。但實際上，殺手級的岩石最有可能來自

我們自家後院。那是因為星際空間相當空曠，而太陽系充滿又大又致命的岩石。接下來讓我們來看看，地球附近的主要太空岩石群。

☆小行星帶

　　第一組太空岩石是小行星帶，它是火星和木星之間的岩石集合區。在小行星帶中，有數以百萬計的岩石存在，絕大多數都很小，但有數百個寬度超過一百公里，有些甚至高達九百五十公里（接近於兩個半的台灣長）。只要其中一塊大岩石撞擊地球，就可能會殺死我們所有人。

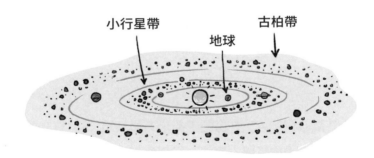

☆古柏帶

　　第二大的小行星集中區是古柏帶。它位於海王星軌道外，是由冰球組成的大圓盤。古柏帶大約有十萬個直徑超過八十公里的冰岩，這些冰岩對我們來說非常危險。

☆歐特雲

最後還有歐特雲，這是一團遠在冥王星之外的巨大冰塵雲，我們看到的彗星大部分都來自那裡。天文學家推測，歐特雲有數兆個大於一公里的太空冰岩，還有數十億個大於二十公里的岩石。

事實證明，我們的宇宙社區並不如想像中的那麼整齊乾淨，而是真的充滿了垃圾！

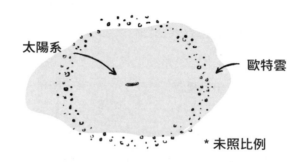

*未照比例

為什麼我們的太空社區到處都是石頭？這一切都得回溯到起點。太陽系是由氣體、塵埃和小鵝卵石構成。其中某些材料是在大霹靂期間產生，而另一些是恆星燃燒和爆炸後的殘骸。大多數較輕的氣體彼此拉在一起，聚集成一個團塊，密度大到引力可將團塊點燃成一顆恆星，形成了太陽。剩餘的部分大多聚集在外圍，由於沒有足夠的引力將它們點燃成恆星，在重力壓力下，變成了具有熾熱熔融核心的行星。但並非所有剩餘碎石都被掃入太陽或行星。剩下的大量物質組合成較小的碎片，在太陽系周圍環繞。

太陽系的環境起初是一片混沌，凌亂不堪。一切萬物皆有嶄新的開始，所有年輕行星和大塊岩石都為了進入自己的軌道努力奮鬥。可能你前一刻認為有個發展不錯的星球，突然之間……砰，就撞上另一塊有著同樣發展的巨石。科學家認為，月球就是這樣形成的：一顆巨大的小行星撞上新誕生的地球，撞出一大塊碎片到附近的軌道上。

幸運的是，太陽系現在已經是個古老的地方，早期狂暴的顛簸和猛烈的日子已經平靜下來。到目前為止，太陽系中大多數物體都處於穩定軌道上。任何到現在還沒有墜毀的物體，應該都學會跟隨其他行星和小行星運行。這就像是位在歐洲的瘋狂圓環路口，每個人都非常貼近的高速行駛，不過這個狀況已經行之有年，所以你可以很確定他們知道自己在做什麼。

＊譯自義大利語

但這不代表我們脫離了危險。其中某些小行星或冰球仍有可能處在特定軌道上，或者有可能切換到與我們路徑交叉的軌道，將來會撞擊地球。有時，這些岩石會被撞出自己的軌道，然後造成麻煩。例如，遙遠的太陽可以稍微溫暖小行星的一側，使其軌道改變，因而撞上另一塊岩石，再與另一塊岩石相撞，依此類推。如果其中某一個小行星與木星的引力交互作用，就會被拉入太陽系內部。不知不覺之中，在內太陽系的高速公路上已堆積了上千塊石頭。想想，這狀況所可能造成的碰撞事故，會讓保險理賠工作再過十億年也處理不完。

★到底會有多糟？

如果小行星撞擊地球，會發生什麼事呢？這很難說。

岩石在真正撞擊地球之前，必須穿過大氣層，我們因此得到了一些保護。空氣粒子拖曳飛進來的岩石並減緩其速度，效果就像是能夠吸收衝擊力的緩衝器，也像子彈射入水池裡，或是保齡球掉進一大桶果凍中。[*1]

空氣粒子無法快速讓開，所以太空岩石的能量將它們壓縮成衝擊波。空氣或任何東西在壓縮時會變熱。在這種情況下，衝擊波前端的溫度最高可達攝氏一千六百五十度。這就是太空梭和登陸小艇從軌道返回時會發熱的原因，也是為什麼需要在它們前面放置先進陶瓷和冷卻系統，來偏轉和吸收這種空氣阻

---

*| 1　真的，想像一下。這是一個有趣的心理圖像。

力產生的熱量。

　　來自太空的岩石通常不會帶有保持冷卻的花俏防護罩，所以它們只會變熱。非常的熱。得到的熱度之高，可能會讓它們在大氣層中破碎，爆炸成更小的碎片然後灑在地表上，或者會聚在一起並將大部分能量直接傳送到地球表面。

　　實際上，一直有約一公尺寬的小石頭不斷撞擊地球，但在大氣層中燃燒成流星。如果你有幸在晴朗的夜晚看到它們，會對轉瞬即逝的輝煌美麗驚嘆不已。

　　但隨著岩石變大，它們開始變得更加危險，甚至連我們的大氣層也無法阻止它們。為了瞭解規模，我們把不同大小的小行星能量與二戰期間投在廣島的原子彈爆炸威力，放在下列表格進行互相比較。

　　五公尺寬的岩石與投在廣島的原子彈能量大致相同。這聽起來很糟糕，但實際上，科學家們並不太擔心。這些岩石的落點通常遠離人口稠密地區，譬如撞擊在海洋中的某個地方，或在大氣層上方爆炸。

小行星大小	爆炸威力
（公尺）	（廣島原子彈）
5	1
20	30
100	3,000
1,000	3,000,000
5,000	100,000,000

　　尺寸增加到二十公尺（約五頭大象寬）的岩石，所攜帶的能量與三十顆廣島原子彈相同，會帶來巨大爆炸。如果我們真的不走運，一塊這麼大的岩石穿過大氣層並撞擊到台北都會區這樣的地方，那將是場巨大災難。數百萬人將因此喪生。但這並不一定代表人類的終結。事實上，最近有一顆二十公尺長的小行星在我們的大氣層中爆炸。

　　2013 年，在俄羅斯車里雅賓斯克上空，一塊來自小行星帶、寬達二十公尺的岩石，以每小時六萬公里的速度撞擊我們的大氣層。根據報導，雖然當時是上午，但是爆炸產生的光芒比太陽還要明亮，遠在一百公里外的人都能用肉眼觀察到。大約有一千人因為這個事件受傷。它壯觀到足以引起恐慌和廣泛的宗教覺醒，但還不足以結束人類存活在地球上的時間。

超過這個大小（在公里範圍內）是我們物種真正危險的開始。科學家認為，在六千五百萬年前，有塊數公里大小的岩石到達地球，這可能是導致恐龍滅絕的原因。[*2]

你可能會問自己：如果地球有數千公里寬（準確的說是 12,742 公里），那麼一塊相對較小、只有幾公里的岩石怎麼會造成如此大的破壞？讓我們保守思考：五公里寬的岩石會造成什麼狀況。

五公里寬的岩石落到地球上會攜帶大約 10^{23} 焦耳的能量。相比之下，美國人平均每年消耗大約 3×10^{11} 焦耳的能量，全人類大約消耗 4×10^{20} 焦耳。所以這一次碰撞，把一千年的人類能量全部集中在一個點上，快速傳遞。以核武器單位計算，這是二十億千噸（兩兆噸），大約是廣島原子彈能量的一億倍。

在陸地上釋放如此大的能量所產生的爆炸性衝擊波，會從撞擊地點迅速傳播，攜帶的熱量和風足夠摧毀數千公里內的任

---

* 2　有趣的是，科學家認為，殺死恐龍的岩石（大約十公里寬）在實際撞擊我們星球的好幾年前，就曾經飛過地球，應該給過恐龍科學家一些警告。

何東西。它還會引發地震，震碎周圍所有土地，並引發足夠多的火山噴發，將整個地區浸泡在熾熱的岩漿中。

　　如果你在撞擊點附近，迎來的命運很簡單：就是完蛋了。無論做什麼都無法避免。你必須離多近，才會完蛋呢？如果撞擊發生在紐約，在這種情況下，洛杉磯可能還離得不夠遠。

你有聽到什麼聲音嗎？

　　但是，即使你遠離撞擊區域（例如，在世界的另一端），也可能無法存活很長時間。你可能避開了立即發生的爆炸，但受到撞擊引起的地震和重新點燃的火山仍然會產生影響。不過，更大的問題將是過熱的灰塵、灰燼和岩石碎片雲，它們將被拋入大氣層中。一些超熱的塵埃會飄走，灼燒地球表面並燒毀森林。它會在天空中徘徊很長很長的時間。這片雲會將地球籠罩在黑暗中數年、數十年或更長時間，恐龍有可能是因此而滅絕。

　　你可能會想知道如果小行星撞擊的是水而不是陸地會發生什麼事。不幸的是，事情並沒有好轉。首先，大量的初始能量會被水吸收，形成幾公里高的巨型海嘯。想像一下自己抬頭看著比帝國大廈高四到五倍的海浪。這麼大的浪潮意味丹佛將突然成為海景第一排，澳洲和日本將完全從地圖上消失。

　　這只是直接的後果。巨大的塵埃雲可能會摧毀我們大部分的生態系統，使我們所知道的生命變得難以延續。如果小行星撞擊水，撞擊也會在大氣層中產生足夠的水蒸氣，從而加速溫室效應，把能量困在地球上，並將地球加熱到不適宜居住的溫度。

　　這只是一塊五公里長的岩石所能做到的。現在想像一下更大的小行星會發生什麼後果！

★可能性有多大？

　　為了瞭解大型小行星撞擊我們的可能性有多大，以及我們是否會看見它的到來，我們與美國太空總署近地天體研究中心

（CNEOS）的工作人員聊了一下。說真的，他們的名字應該叫「小行星防禦部隊」，因為他們的任務是防止人類被撞向我們的巨石徹底毀滅。（而你以為自己的工作很重要。）

近地天體研究中心的總部位於加州帕薩迪納市的噴射推進實驗室，他們（連同國際合作者）的主要工作是尋找並追蹤太陽系中的所有岩石，如果這些岩石其中某一個出現在襲擊我們的路徑上，我們就可以進行預警。在使用望遠鏡，以及經過幾十年的努力，近地天體研究中心團隊已經創建了一個相當不錯的數據庫，含括我們周圍所有最大的岩石、它們在哪裡，以及它們在近期和未來的位置。

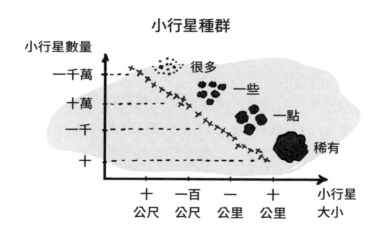

近地天體研究中心發現，太陽系中岩石的數量與岩石的大小之間存在負相關。我們附近有很多小石頭，但真正的大石頭很難找到。換句話說，岩石愈大愈稀有。這是個好消息，因為愈稀有的岩石撞到地球的可能性愈小。

　　例如，近地天體研究中心估計有數億塊大小約為一公尺的岩石。數量確實很多，事實上，這種大小的岩石一直在撞擊地球，每年大約有五百次。也就是無論指定哪一天，都可能有其中一塊岩石墜毀在地球上的某個地方。幸運的是，它們造成的損害很小。

　　隨著岩石變大，它們變得愈來愈稀有。例如，五公尺寬的岩石在太陽系中有數千萬個，大約每五年撞擊地球一次。二十公尺大小的岩石（例如在俄羅斯車里雅賓斯克上空爆炸的那塊）有幾百萬個，平均五十年左右才撞擊地球一次。

　　但是真正大的呢？即使那些大岩石更稀有（一公里寬的只有一千塊，十公里大的只有幾十塊），但只要其中一個擊中我們，就有可能終結人類。

喔哦。

　　幸運的是，這樣的大岩石不僅罕見，也相對明顯可見。如果有塊大岩石規律的在軌道上運行，我們很可能會看到它反射來自太陽的光。這意味近地天體研究中心團隊相當有信心他們知道大多數大岩石的所在位置。

　　如今，近地天體研究中心團隊已經對這些大岩石進行計數並且繪製軌跡，到目前為止，這些大岩石似乎都沒有會與我們發生碰撞的跡象。

　　但不管怎樣，我們都不這麼認為。好消息是我們知道太陽系中百分之九十的大岩石在哪裡。壞消息是我們不知道太陽系中百分之十的大岩石在哪裡。

　　外面可能還有我們沒見過的大岩石。它們可能躲了起來；或者它們正在過來的軌道上，只是距離我們還不夠近，以致我們觀察不到。

　　請記住，小行星不會自行發光，與我們太陽系的規模相比，幾公里的大小並沒有那麼大。這意味可能仍有一顆大的小行星正從太空的黑暗中偷偷靠近我們。

★致命的雪球

近地天體研究中心的科學家更關心另一種可以撞擊我們的太空岩石：巨大的雪球（又名彗星）。雖然美國太空總署很好的掌握了太陽系中大多數可以殺死我們的小行星，但事實證明彗星更難發現。

我們看到的彗星大多數都是巨大的岩石和冰球，沿著很長的軌道，從歐特雲落向太陽。有時侯，這些軌道可能需要數百或數千年才能繞行太陽一周。當某顆彗星訪問太陽系（我們在宇宙中的鄰近區域）時，可能是我們第一次看到它。

更糟糕的是，彗星從寒冷的宇宙郊區出發，在經過長途跋涉之後，移動速度將比小行星快得多，這代表兩個意義：一、我們沒有時間做出反應（最多一年），以及二、如果彗星襲擊我們，所產生的影響力將更具破壞性。

科學家認為：彗星撞擊我們的機會可能很小，但很難估計。彗星撞擊事件最近發生在我們一個鄰居身上。1994年，舒梅克－李維九號（Shoemaker-Levy 9）彗星在飛向太陽途中，破碎成二十一個碎片並撞擊木星。其中一個碎片造成了約地球

大小的巨大爆炸。

　　事實上，正是這次彗星碰撞引發了美國太空總署創建「近地天體計畫」，以編目和追蹤所有近地天體。畢竟，如果彗星碰撞發生過一次，就可能會發生第二次，也說不定是發生在我們身上。

雪寶，別！

★我們可以做些什麼呢？

　　假設一顆彗星突然出現並且位於撞擊我們的路徑上。或是說，我們發現了一顆以前從未見過的全新巨型小行星，並且瞭解到它與我們的軌道未來會相交。或者假設某種太陽系事件將一塊大石頭直接撞向我們。我們有什麼可以做的事嗎？

　　在電影中常見的音樂蒙太奇手法裡，只需要穿著實驗衣的科學家、一壺咖啡和一個寫滿塗鴉的白板，就能找出解決危機的方案（此外，如果你有布魯斯‧威利，也能幫上忙）。但這可能嗎？

　　令人驚訝的是，近地天體研究中心這樣的團體積極考慮這類事情，據他們說，從一塊朝我們而來的大石頭中倖存下來的策略可以分為兩類。

☆選項一：偏轉

　　第一個選擇是嘗試偏轉小行星或彗星。也就是說，輕輕推動小行星或彗星的軌跡，使它不會撞到我們。科學家有一些好主意可以做到這一點：

◆ **火箭**：這個計畫包括向來襲的岩石發射火箭，要麼撞上它，要麼炸毀足夠多的岩石來改變它的軌跡。也有可能（雖然不太可能）降落在岩石上並使用助推器將岩石推向新的軌跡。
◆ **挖掘機**：另一個想法是，派一台巨型起重機或機器人降落在岩石上並開始挖掘，將碎片推入太空。來自所有碎片的動量基本上會導致岩石改變方向。

---

*　3　譯注：麥可‧貝是美國男導演兼製片人，作品有《絕地戰警》系列、《絕地任務》、《珍珠港》及《變形金剛》系列等，用鑽油工人炸毀小行星的電影《世界末日》就由他擔任導演。

◆ **雷射**：另一個有趣的想法是在地球上建造一部巨大雷射，然後射向小行星或彗星。目標是加熱岩石的一側，以便融化的冰或汽化的岩石將岩石推離地球軌道。

◆ **鏡子**：如果你想花俏一點，可以準備一組鏡頭和鏡子來蒐集陽光，並將陽光聚焦到岩石上。這會煮沸岩石的一些材料，將岩石推出碰撞路線。

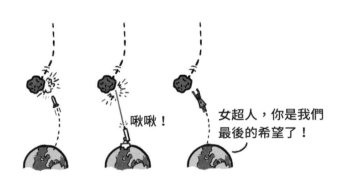

啾啾！

女超人，你是我們最後的希望了！

小行星偏轉技術

☆選項二：銷毀

當然，第二個選擇是在大石頭過來之前試著摧毀它。換句話說，就是用核彈炸它。

有一個想法是，發射一枚核導彈攔截岩石並將岩石炸毀，希望將岩石粉碎成更小的碎片，然後在我們的大氣層中燃燒殆盡。雖然其中一些碎片仍然可能會撞擊地面，但比整塊岩石撞擊地球要好多了。

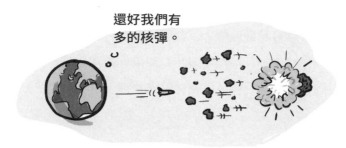

　　另一方面，來襲的小行星大多可能只是一堆碎石，僅由重力鬆散的捆綁在一起。在這種情況下，單次核爆炸無法非常有效的驅散岩石，我們最好發射一系列較小的核彈。也許我們會調整核爆炸的距離，以讓偏移量最大。也許將爆炸點設定在表面上方一點，這樣造成的偏轉作用會比破壞作用更大。

　　當然，決定這些策略是否有效的最關鍵因素在於我們有多少時間。根據近地天體研究中心的說法：「為了在小行星或彗星撞擊中倖存下來，你需要做的三個最重要事情是：一、早期發現，以及二、其他兩個不重要。」[4]

　　如果我們很早獲得警告（希望是好幾年），那麼我們可能有時間構建部署其中一些策略。不僅如此，更多時間也給予我們更大機會來影響結果。

　　例如，如果我們瞭解到，某個特定的小行星將在一百年後撞擊地球，那麼我們今天對它的任何微小推動，都會對它未來

---

*　4　這是引用近地天體研究中心高級研究科學家史蒂夫・切斯利（Steve Chesley）博士的真實訪談，他欣然同意接受本書作者採訪。

的軌跡產生巨大影響。這就像用狙擊槍向一公里外的目標射擊
一樣。槍管略有輕微偏轉，將會使子彈在行進一公里後發生較
大的側向位移。小行星也是如此：如果你提前看到一塊岩石過
來，只需要稍微推動就可以讓它偏離軌道。

這下你知道，為什麼追蹤所有在我們周圍飛行的小行星和
彗星如此重要，以及為什麼科學家想到突然冒出其中一個會覺
得如此可怕。

★你應該擔心嗎？

在你開始建造地下掩體或瘋狂購買罐頭食品之前，我們或
許應該告訴你，小行星過來殺死我們所有人的可能性實際上並
沒有那麼高。

從短期來看，美國太空總署團隊和世界各地從事這方面工
作的數十人，正在盡其所能的及早發現這些岩石，他們默默的
扎實工作，這樣你就不必一直焦慮的抬頭往上看。他們相信幾

乎已經發現了所有行星殺手級岩石，這些石頭對地球造成的風險可以忽略不計。他們甚至還打算建造更強大的望遠鏡，例如近地天體監視任務（NEOSM）太空望遠鏡和薇拉・魯賓天文台（Vera C. Rubin Observatory）地面望遠鏡，這將大大提高人類更早探測危險岩石的能力。

老實說，如果把你的個人風險與來自太空的岩石相比，其實你更有可能死於地球上的某些意外事件，譬如車禍、淋浴時摔倒、或被寵物沙鼠勒死。

要記住「宇宙不可預測，我們的科學有限」，知道這些道理總是好事。也許在我們的太陽系中，潛伏著一顆刻有我們名字的大型小行星，或者有顆彗星正從遠處瞄準我們直奔而來。在像我們這樣複雜的太陽系中，準確預測事情是一項艱巨的任務。你還記得那顆在俄羅斯車里雅賓斯克上空爆炸的小行星嗎？它不知從何而來。當我們得到唯一的警告時，它已經撞擊大氣層了。

事實是，我們生活在混雜紛亂的岩石和行星雲中，所有的岩石和行星都在一場錯綜複雜的引力之舞中相互拉扯。每一次碰撞或近距離接近都應該讓我們停下來思考，也應該激勵我們進一步支持科學，這樣我們就能更瞭解自己的銀河系社區。它還應該讓我們思考人類合作的能力，以及我們是否可以為了人類的生存而放下歧見，積極合作。

如果我們人類不能一起共跳引力之舞，好吧，只要牢牢記恐龍發生了什麼事。

沒發現的後果。

10.

人類是可預測的嗎？

讓我們花點時間思考一下，你所做的選擇是否由自己決定。例如，你選擇拿起這本書，讀起這些字。是的，你現在又做了一次。還沒完，你選擇繼續閱讀下去，除了剛剛那些字，還有這些字。

還有這些。

好吧！為了證明你有選擇權，不受我們控制，你現在可能不想再讀這些字了。畢竟，你有自由意志，對吧？如果這樣做能讓你覺得好過一點，請暫時移開視線，我們會等你回來。

你回來了嗎？選得好。（只不過，這一切都在我們預料之中。）

重點是，我們都喜歡「認為」對自己的行為有完全自主權。在日常生活中，我們會做出成千上百的決定。我應該起床，還是按下貪睡鬧鐘？今天應該洗澡嗎？早餐應該吃培根蛋，還是一碗熱騰騰的燕麥粥？世界就是你可以隨心所欲、盡情揮灑的舞台 [*1]，如果你早餐想吃蚵仔煎，當然可以這樣做。我們不太推薦，但是，嘿嘿！這是你的選擇。

你的選擇。

　　如同本文開頭舉的例子，「我們所做的任何選擇都是預先決定好或是可以預測」，這種被控制感讓人感到不安。我們寧願相信，自己做的決定就是發生在當下，而不是在之前，並且沒有任何人能夠預見。

　　但這是真的嗎？我們的選擇真的不可預測嗎？隨著科學進步和我們對物理定律的理解愈來愈完備，很多人開始懷疑是否有可能預測一個人將要做出的決定。或是把這個問題從實驗室

帶到哲學殿堂：我們在做決定時，真的有選擇權嗎？或許可以
將複雜的思維行為，簡化為一組簡單、可預測的規律？

　　如果你選擇繼續閱讀下去，就可以一窺究竟。不過，給你
一個善意的提醒：我們預測你可能不會喜歡即將揭曉的答案。

我在你的未來中看到了
物理學……

★大腦中的物理學

　　據我們所知，宇宙萬物都遵循物理定律。迄今為止，我們
還沒有發現任何東西違反物理定律。幾個世紀以來，我們發現
並改進的定律似乎適用於一切事物，從細菌到蝴蝶、再到黑
洞。

　　既然你也處在同一個宇宙中，物理定律也適用於你，以及
你的思維中心──大腦。大腦和黑洞都是由相同的東西（物質
和能量）組成，因此適用於黑洞的規則也適用於大腦。

　　物理學如何幫助我們理解大腦呢？哪一種定律可以預測你
今天會吃多少餅乾，又或者你會選擇改吃香蕉？可惜的是，並
沒有牛頓第二餅乾定律或愛因斯坦香蕉方程式，能夠直接解釋
大腦如何做決定。物理學無法直接描述像大腦這樣大而複雜的

物體。相反的，我們可以透過解析物體至更小、更簡單的組合成分，然後再將所有部分加在一起，看看整個物體如何運作。

相信我，我是個 doctor。[*2]

這就像你小時候，拆開烤麵包機看看內部結構，研究工作原理一樣。不同的是，我們希望結局比你的烤麵包機好一點，拆開大腦後還能夠恢復原狀。

你的大腦可以分成四對區塊，稱呼為「葉」，這些葉可以分解成神經元。每個神經元本質上都是個小型電子開關，可以從其他神經元獲取「開」或「關」信號。根據這些信號，神經元可能會向其他神經元發送開關信號。

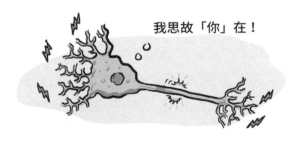

我思故「你」在！

---

*|2　譯注：Doctor 是醫生也是博士。

　　整個大腦都是由這些神經元所組成。八百六十億個神經元藉由一百兆個連結糾纏連接在一起。這個龐大的簡單生物開關網絡共同構成了你的身分：記憶、能力、反應和想法。

　　如此而已。大腦的全部就是一堆簡單的開關和大量連結。

　　就像電子開關一樣，每個神經元的輸出取決於輸入和內部小生物迴路。神經元沒有情緒或心血來潮。它們不會因為「覺得」喜歡或心情好就放電。每個神經元只是遵循基因編碼構成的規則。[*3]

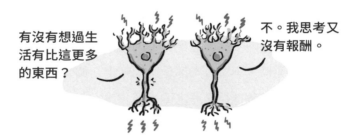

　　這是否意味大腦是可預測的？畢竟，如果神經元只是遵循規則，那麼你應該能夠預測單一神經元的行為。因此，你就應該能夠預測一大群連接在一起的神經元行為。如果能做到這一點，那麼理論上，你就可以預測人類的行為。

　　沒那麼簡單。大腦中的某些事情使預測變得不那麼容易。這些事情與混沌理論和量子物理學有關。

---

*　3　真實情況比這更複雜一點，因為神經元可以改變和適應。但即使如此，每個神經元都遵循改變和適應的規則，所以重點是一樣的。

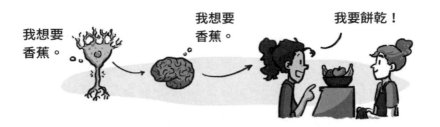

★混沌的大腦

雖然神經元沒有情緒，但仍然是敏感的群體。

即使某件事是純粹機械過程，例如完美調整的機器或嚴謹的電腦程式，但也並不代表每次產生的結果都會一樣。舉例來說，當你拋硬幣時，不會每次都是正面朝上。儘管硬幣在拋向空中和撞擊表面時都遵循物理定律，但要讓它每次都落在同一面仍然非常困難。這是因為硬幣對你投擲方式的微小變化非常敏感：手指輕輕一抖、氣流不穩或桌子上的一個小顛簸，都會影響硬幣落在正面或反面。

同樣的，神經元對輸入的微小變化非常敏感。神經元的工作原理是，將它們從其他神經元獲得的開關信號相加，並根據每個連結的強度進行加權計算。如果所有信號的總和超過閾值，則神經元便會活化，並向連接到輸出的所有下游神經元發送開啟信號。但是如果總和沒有達到閾值，神經元就會保持沉默。可以想見，單個神經元的輸入信號（可能數以千計）或者一個連結的強度出現微小變化，都可以影響神經元是否活化。

當你將許多神經元連接在一起時，這種敏感性會變得更加

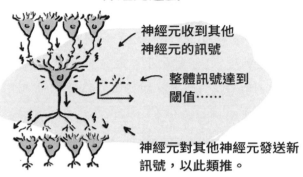

神經元遊戲

神經元收到其他
神經元的訊號

整體訊號達到
閾值……

神經元對其他神經元發送新
訊號，以此類推。

顯著。一個神經元的微小變化可能引發連鎖效應，導致一連串
後果，提供完全不同的網路輸出。例如，這個微小變化可能決
定你選擇吃餅乾或是吃香蕉。

　　物理學家稱呼對微小變化非常敏感的系統為「混沌」系
統。這與物理學無法有效預測天氣的原因相同。我們可以預測
一滴雨的行為，但天氣是由許多水滴和空氣分子組成，這些水
滴和空氣分子對彼此的碰撞（以及風、山、冷氣帶等）很敏
感。這些效果不會相互抵消，而是相互加乘，變得愈來愈大。
如果你有無數的雨滴，稍微弄錯其中一個方向，可能會使你對
明天暴風雨的預測完全錯誤。再加上討厭的蝴蝶不斷拍動翅
膀[4]，讓整件事情發展變得更加混亂，以致無法預測。

---

*　4　譯注：蝴蝶效應（butterfly effect）是一種混沌現象，由美國氣象學家羅
　　　倫茲在 1963 年提出，意指在一個動態系統中，如果初始條件有微小的
　　　變化，將會帶動整個系統出現巨大的差異，例如一隻蝴蝶在巴西拍動翅
　　　膀卻引發了美國的龍捲風。

　　大腦就像暴風雨一樣，也是混沌的。你可能會嘗試預測一個神經元的行為，並且做得很好。但是，如果你的預測不完美，會發生什麼事呢？例如，也許一個神經元模型的準確率達到百分之九十九，這已經相當不錯了。（數學考試九十九分是A+）但是，百分之九十九正確代表有百分之一的錯誤機會，當你試圖預測下一組神經元時，這些錯誤會傳播和增長，若持續不斷推廣到八百六十億個神經元，你就會明白「預測大腦要做什麼」為什麼非常非常困難了。

　　不過，科學最終可能會弄清楚如何做天氣預測。如果你有夠多計算能力（和夠長計算時間），理論上是可以完美模擬任何東西。其實，當今世上，大多數超級電腦都致力於建構愈來愈精確的地球天氣模型。你可能想像得到，未來電腦會非常龐大、威力十足，能夠完美模擬大腦中每個神經元和連結，精確到分子層次。

我可以看到你正在腦力激盪如何離開這裡。

　　這是不是說，科學家也許會在未來創造出某種新型超級電腦，能夠用來模擬大腦、並預測你吃零食的決定？確實有可能，前提是你的大腦不遵守量子力學。

★你的量子大腦

如果你的大腦是混沌的，這是否代表它不可預測呢？不見得。我們不能單單因為一個系統是混沌的，就說它是不可預測。雖然大腦行為很難預測，但仍然可以預測。追根究柢，大腦畢竟還是遵循物理定律，而物理定律是可以模擬的，因此大腦可以預測。

但如果物理定律本身就造成某些事情不可預測呢？

當你剝開包覆在現實物體上層層的外衣、並觀察周遭構成一切的粒子時，你會瞭解到宇宙的怪異之處：適用於完美機器和電腦程式的規則，並不適用於量子粒子。

理想情況下，把相同條件輸入系統，會得到相同輸出結果，但對於像電子這樣的量子粒子來說，情況並非如此。這是什麼意思？也就是，如果你以完全相同方式，不斷去戳一個量子粒子，它的回應方式並不總是相同。它可能會在這一次反彈，而在下一次可能會完全忽略你。

量子變幻無常

　　這怎麼可能？嗯，電子仍然遵循物理定律，但以特定的方式進行。量子物理學定律並沒有具體說明單個電子會發生什麼，反倒是具體說明了事情發生的可能性。單個電子實際發生的情況是從可能性列表中隨機抽取的。換句話說，量子層面的物理定律不是告訴你會發生什麼事，而是告訴你有多少機率會發生什麼事。

　　以相同的方式戳同一個電子好幾次，每次都會得到不同結果。[*5] 如果戳的次數夠多，你會開始看到一種模式（例如，有75% 會反彈，而其他 25% 是忽略）。這種模式是可以根據物理定律預測出來的。但是在任何特定的戳電子行動中，電子做什麼不是由物理定律決定的，而是由宇宙（不是由電子）做出的完全隨機選擇。

如果這聽起來很瘋狂，那是因為它真的很瘋狂。我們習慣事情有明確的因果關係：如果我推一把椅子，椅子就會朝推動的方向移動。但這明確關係僅僅發生在巨觀層面。在微觀層面，事物是真正隨機的。

這對我們的問題很重要，因為神經元是由量子粒子所構成。事實上，你所知道的一切都是由量子粒子組成，而粒子是不可預測的。

★等等，你到底在說什麼？

談到這裡，你可能會覺得有點邏輯錯亂、困惑不已。我們剛剛才說：「神經元是由量子粒子構成」，而量子粒子是隨機的（因此不可預測）。這是否意味神經元也是不可預測呢？

還是那句老話：「不一定。」

環顧四周，我們並沒有注意到很多奇怪的量子效應。我們沒有看到餅乾從包裝袋中隨機消失，接著突然蹦出來，或者是順著量子隧道進入你的胃。餅乾和其他大型事物似乎遵循可預測的規則。那麼為什麼大東西和小東西的行為落差有如天壤之別呢？

造成這種差異的原因有兩個：一、與你的餅乾相比，量子粒子的隨機性非常非常小，以及二、對於我們世界上的大多數事物而言，這種隨機性的平均值為零。讓我們一個個的來解析這兩個概念。

☆量子粒子的隨機性非常小

與餅乾或神經元相比，量子粒子非常微小。單個神經元由超過 10^{27} 個粒子組成。因此，無論單個粒子在何處移動，量子漲落幅度小到不太可能產生重大變化。舉例來說，如果你身體中的一個細胞向右移動一點，你感覺得到嗎？大概不會吧。

聽我說，
選餅乾吧！

☆量子隨機性平均趨近於零

更有可能的是，神經元中所有粒子的量子漲落都會相互抵消。如果神經元中有個向右移動的奇怪量子粒子，這種效應很可能會被另一個向左移動的隨機粒子抵消。換句話說，任何微小不可預測的量子擺動都會被所有其他粒子的擺動淹沒。

不，
選香蕉吧！

　　這兩個想法適用於任何比量子粒子大得多的事物。事實上，這就是物理學家花了很長時間才發現量子力學的原因：因為你只能在極其微小的事物上才能看得到量子效應。如果籃球和雨滴會突然偏離軌道或隨機行動，我們就會更早發現量子物理學。

　　但請記住，不能單單因為量子效應很小並且通常平均趨近於零，就可以完全忽略它。像神經元這樣的大物體是否完全不受量子隨機性影響？事實是：我們不知道！可以想像，神經元對隨機量子波動非常敏感，而這些波動會影響神經元是否活化。如果是這樣，那麼我們的大腦迴路中就會存在隨機性因素，這代表你永遠無法真正預測任何人的想法或行為。

　　可惜的是，我們迄今還沒有發現任何跡象顯示神經元對量子隨機性敏感。一些著名的物理學家支持這個想法，但現在並沒有任何實驗顯示神經元表現出真正的量子隨機性。其他物理學家試圖在量子隨機性與意識和自由意志等哲學概念之間建立聯繫。但到目前為止，這些論點就像奈及利亞的電子郵件詐騙一樣，沒有任何說服力。

哈囉！我是奈及利亞的物理學家。請匯款一百萬過來，我可以證明意識。

★我們做對了嗎？

總而言之，你的大腦既是混沌又是量子的。但這在多大程度上代表你可以預測倒是值得商榷。

如果大腦對量子力學效應敏感，那麼你的決定就會有個無法預測的隨機因素。預測你的行為不僅僅困難，而且是不可能。實際上的困難度是，沒有人知道你接下來要做什麼。

即使你的大腦對量子力學效應不敏感，混沌理論也讓任何人事物幾乎不可能預測你的思考和行為。雖然理論上可以完美模擬八百六十億個神經元、和它們的一百兆個連結，但要在不久的將來中實踐，幾乎肯定是不可能的。

所以現在看來，你大可以放心，你的大腦（以及你）是不可預測的。但這與你可以控制自主決定是同一回事嗎？

不可預測與擁有自主權並不完全相同。隨機性與擁有控制權也不相同。如果你的大腦是隨機的，那並不表示你正在做任何決定，而是說宇宙正在擲骰子並決定你要做什麼。也許你的「你」跟其他人的「你」都相同，也就是你和我們都是宇宙在擲骰子決定。

如果你對這個劃時代的結論翻了白眼，那麼我們可以完全預測你接下來要做什麼：你將停止閱讀本章。

11.

宇宙從何而來？

每當仰望滿天星斗絢爛壯麗的夜空，或驚嘆微觀世界錯綜複雜的美景時，你不禁會問：「這一切從何而來？宇宙為什麼存在？是什麼東西或是誰負責這一切？」

長期以來，人們一直不斷臆測，讓人驚嘆不已的宇宙真實起源。當然，這比起我們擁有物理學或漫畫的時間要長得多。瞭解宇宙起源很重要，因為有可能會解釋我們存在的來龍去

脈。我們想知道我們是怎麼來的，因為這問題的答案可能揭露：我們為什麼在這裡，以及我們應該如何度過時間。如果你知道宇宙從何而來，你的生活方式可能會改變。

因此，在所有問題中最大的問題是，物理學究竟可以告訴我們什麼？

★在一開始的時候

在我們問宇宙從何而來或它是如何形成之前，我們需要先退一步想想。我們首先要問的應該是「宇宙是誕生出來的，還是本來就一直存在？」

你可能會驚訝的發現，物理學對這個問題有很多論述。可惜的是，很多論述內容並不是很一致。事實上，量子力學和相對論這兩個偉大的理論，在宇宙主題上指出了兩個截然不同的方向。

☆量子宇宙

量子力學表明宇宙遵循著我們不熟悉的規則。根據量子力學，粒子和能量以奇怪和不確定的方式表現。這可能令人非常困惑，但幸運的是，這跟我們手上的問題並不相關。因為量子力學對宇宙的過去和未來實際上是一清二楚的。

量子力學用量子態來描述事物。量子態告訴你，與量子對象交互作用時，事情可能發生的概率。例如，它可能會告訴你粒子位置的機率。你可能不知道粒子現在在哪裡，但你可以知道它可能在哪裡。

量子態很有趣，因為如果你知道今天量子物體的狀態，你可以用它來預測明天、兩週後，或者十億年後的狀態。量子力學中最著名的方程式是薛丁格方程式，跟貓和盒子無關。薛丁格方程式告訴你：如何利用你對宇宙的瞭解並將宇宙向未來投射。它也可以反推，可以利用你對現在的瞭解，告訴你宇宙在過去是什麼樣子。

薛丁格的
劍齒虎

　　根據量子力學，這種預測能力沒有時間限制。它的基本原則是：量子資訊不會消失，只是轉變為新的量子態。也就是說，如果你知道宇宙今天的量子態，就可以計算出它在任何時間點的量子態。量子力學告訴我們，宇宙在時間上永遠向後和向前推展。

　　這代表一個非常簡單的事實：宇宙一直存在，並將永遠存在。如果我們對量子力學的理解是正確的，那麼宇宙就沒有起始點。

☆相對論宇宙

　　然而，愛因斯坦相對論卻告訴我們一個截然不同的故事。量子力學有個問題，它通常假設空間是靜態的，就像一個固定的背景，你可以在那裡懸掛粒子和場。但是相對論告訴我們，這觀念大錯特錯。

　　根據相對論，空間是動態的，它可以彎曲、伸展和壓縮。我們可以看到空間在黑洞或太陽之類的重物體附近彎曲。愛因斯坦的理論還描述了整個空間如何膨脹。空間不僅僅是平坦的

空虛；它被重物局部扭曲，並且愈來愈大。

　　這個瘋狂的想法最初來自於相對論中的數學，但現在我們有實驗能加以證明。透過望遠鏡，我們可以看到星系每年愈來愈快的遠離我們。宇宙中的一切似乎都變得愈來愈分散和愈來愈冷，就像氣體在膨脹時冷卻一樣。

　　對宇宙的起源來說，這代表什麼含義呢？呃……如果把時鐘倒轉，我們的觀察預測出宇宙曾經更熾熱、更密集。如果回溯足夠遠的時間，宇宙就會到達一個特殊的點：奇異點。

我小的時候是不是很可愛啊？

　　此時，宇宙的密度實在是太大了，甚至讓相對論的計算結果顯得有點荒謬。相對論預測宇宙變得非常緊密，空間又異常彎曲，最終達到了一個無限密度點。

　　按照相對論的觀點，宇宙在某種程度上確實有個開端，或者說至少有個「特殊時刻」。我們所看到的一切，包括所有空間，都來自奇異點。可惜的是，相對論不能告訴我們那一刻發生了什麼，但我們知道它與之後的任何時空點都不一樣。它就像一堵無法跨越的牆，無法用相對論解釋。

爸、媽，宇宙寶寶
是從哪裡來的？

嗯，呃，
你知道的……

★孰是孰非？

　　現代物理學的兩大支柱以大相逕庭的觀點來解釋可能的
宇宙起源。一方面，量子力學告訴我們宇宙是永恆的，一
直存在。另一方面，相對論告訴我們宇宙來自一個發生在
一百四十億年前的無限密度點。

　　我們知道量子力學不可能完全正確，因為它沒有辦法描述
關於宇宙的某些事。例如，量子力學沒有辦法描述重力或空間
彎曲。但同時，我們也知道相對論並不完全正確，因為它在奇
異點處崩潰，並且忽略了宇宙的量子性質。

　　顯而易見，我們需要一個新理論來回答關於宇宙起源的問
題。這個新理論能夠描述宇宙的早期時刻、並整合統一量子力
學和相對論各自的最佳優點。也許一旦我們有了這個新理論，

我只是想從你們那裡
各拿走一小部分。

我們就能夠回答更大的問題，比如宇宙從哪裡來、宇宙是如何形成的？

★什麼理論是可能的？

雖然我們還沒有哪個理論能夠把量子力學和相對論結合起來，但我們確實正在開發很多不同想法，從弦論到循環量子重力，再到名稱更愚蠢的瘋狂想法（幾何動力學，還有其他提議嗎？）。

這些想法通常屬於以下三類之一：

一、量子力學大部分正確。
二、相對論大部分正確。
三、兩者皆不正確。

讓我們深入研究這些想法，聽聽每一種可能性對宇宙起源的看法為何。

☆量子力學大部分正確

第一種可能性是量子力學大部分是正確的，宇宙一直存在，並將永遠存在。當然，宇宙量子觀最大的問題在於，它沒有描述空間如何成長和變化，也沒有描述宇宙如何在一百四十億年前從極熱和緻密的狀態中產生。

　　如果我們可以保留大部分的量子物理學，並增加一個關於空間如何變化的量子解釋呢？這可能帶出我們尋找中的答案。

量子物理
獲得空間

　　為了達到這個目標，某些物理學家試圖描繪出不同的空間圖像。我們習慣將空間視為基本的概念：事物存在於空間中，而且空間允許事物具有位置並可以四處移動。據我們所知，空間不存在於任何其他事物中。

　　但如果這不是真的呢？如果有比空間更深沉、更基本的事物呢？假如空間其實是由較小的量子位元組成，這些量子位元有時可以組合在一起，並表現出我們熟悉的空間特性呢？

　　我們在物理學中不斷看到這種現象，稱之為「湧現現象」。例如，液態水、蒸汽和冰都是同一事物的湧現現象：水分子之間如何交互作用是根據溫度和壓力來決定。同樣的道理，空間本身可能是由更基本的位元拼接而湧現形成，量子位元才是宇宙的基本單位。

　　什麼是宇宙的量子位元？雖然有許多不同的理論，但在這裡我們可以具體說明三個特性：

一、量子位元各自代表一個位置。在每個位置，都可以有
　　粒子和場，進而有你和其他事物。
二、量子位元沒有按照順序排列。這些位元在某些地方沒
　　有整齊的排成一排。相反的，它們以一種量子泡沫的
　　形式存在。
三、量子位元藉由稱為「糾纏」的量子關係相互連結，其
　　中每一個的機率可以影響另一個的機率。

　　這些理論說明：我們所謂的「宇宙」實際上是量子位元以
特殊方式相互連接的網絡。甚至還說：我們認為的「空間」實
際上只是網絡中各個位元之間連接的強度。例如，強烈糾纏的
量子位元代表我們認為彼此位置相當靠近。微弱糾纏的位元代
表我們認為彼此位置相對遙遠。所有量子位元藉由這種方式連
接在一起，空間就出現了。

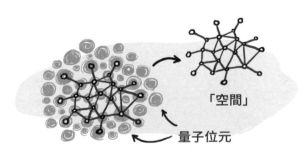

　　從量子的角度來看，言之有理，因為它反映了我們在宇宙
中觀察到的東西。距離較近（糾纏程度較強）的事物可能會相
互影響，而距離較遠（糾纏程度較弱）的事物則不太可能相互

影響。例如，如果一顆恆星在宇宙的另一邊變成超新星，你可以不理會它，繼續享受午餐。但是如果附近的一顆恆星變成超新星，那麼你的午餐就完蛋了（你也是）。

嘿！鄰居　　　　　　喂！你要去
　　　　　　　　　　哪裡啊？

從相對論的角度來看，也很有道理，因為量子位元連結允許空間變得靈活。空間彎曲可以解釋為，量子位元之間的關係（或糾纏）在重物體附近的暫時變化。它也解釋了我們的宇宙如何膨脹：新的量子位元與目前的網絡糾纏在一起，有效的創造出更多空間。我們認為，空間隨著宇宙愈變愈大。

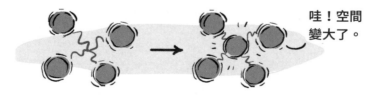

哇！空間
變大了。

這個想法可能聽起來很瘋狂，但是它提供了明確的答案來解釋「宇宙從何而來？」根據這種觀點，宇宙來自一個更大的

元宇宙，[*1] 充滿這些量子位元，而我們所說的「空間」實際上只是那些碰巧相互連接的量子位元團塊。

這個想法也有一些有趣的含義。如果我們宇宙的存在來自於量子元宇宙中的一團連接位元，那麼可能會有其他宇宙存在。我們的這團宇宙可以和其他團宇宙一起存在，每個宇宙都有不同的量子位元連接方式。這也代表可能有很多空間與任何特定的宇宙無關。這種泡沫中可能存在未連接的量子位元，或者以不連貫的方式連接在一起。換句話說，可能有很多「非宇宙」存在。

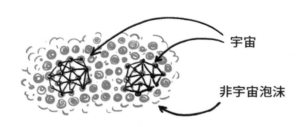

當然，即使這個想法回答了「我們的宇宙從何而來？」，卻也引發出更多問題。舉例來說，這些量子位元是什麼？從哪裡來？是什麼讓量子位元形成了我們的宇宙？更大的元宇宙又是從何而來？

---

*　1　譯注：元宇宙譯自 metauniverse（或 metaverse），原指包含了宇宙的宇宙，因尼爾‧史蒂文森（Neal Stephenson）在科幻小說《潰雪》（*Snow Crash*）以「Metaverse」描述一個網路中的虛擬實境，所以後來元宇宙也指網路上的三維虛擬環境。

☆相對論大部分正確

　　另一種可能性是，相對論大部分正確，我們的宇宙實際上來自發生在一百四十億年前的單一事件（即「奇異點」）。但這如何與「量子力學和宇宙始終存在」的想法相吻合呢？

　　相對論以及它對奇異點的預測還有另一個問題。根據量子力學，奇異點不可能存在。量子力學的一個核心概念稱為海森堡測不準原理，它表示在如此小的尺寸上無法解釋任何東西。在量子力學中，所有事物都必須具有最低限度的不確定性，當我們把愈多的物質和能量擠在一起，不確定性的影響就愈強。整個宇宙塞在一個無限小的點內，這怎麼行得通呢？

宇宙模糊的肚臍

　　某些物理學家發現到量子極限的漏洞，並對解釋宇宙起源的相對論論述提出了一些調整。

　　首先，物理學家已經考慮到模糊奇異點的可能性。也許宇宙的形成不是從一個單一點，而是起始於一個模糊的時空點。換句話說，也許宇宙從一開始就是量子的。這個想法可以避免相對論中討厭的數學問題，那就是描述無限大密度點。

　　其次，物理學家可以藉由調整「始終」一詞的含義，使相對論與量子力學達成一致要求，即宇宙始終存在。相對論的奇異點概念困擾著很多人，因為它代表了時間的邊界（或邊緣）。在某種程度上，它告訴你時間結束了，超過那個點就沒有時間。但是，如果時間可以始終存在並同時結束呢？

　　史蒂芬·霍金和他的朋友們提出一個可能行得通的想法。如果時間本身是在那個模糊奇異點中創造的呢？他們稱這個想法為「無邊界方案」，這個方案把時間軸看成是圓形而不是直線。在這種情況下，談論模糊奇異點之前的時間是沒有意義的，因為時間不存在。根據該理論，時間在那個模糊的奇異點內旋轉進入存在，從虛幻到真實。霍金用一個簡單的比喻來解釋這一點：這就像是問說「北極以北是什麼地方？」模糊奇異點就像是時間的北極，繼續追問奇異點之前發生了什麼事情，是件毫無意義的問題。

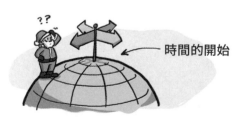

時間的開始

　　綜合上述說明，如果相對論正確，那麼宇宙就不是來自任何地方，而是在某種程度上來自於宇宙本身。時間和空間同時開始，再去想之前發生的事情就沒有意義了。根據相對論，宇宙是它自己的起源。

☆兩者皆非

最後一種可能性是，量子力學和相對論都不正確。也許宇宙並不「總是存在」（如量子力學所要求），它也從未「開始」（如相對論所暗示）。

在物理學中，有時因為你問錯了問題，會得到一個實際上沒有意義的答案。例如「宇宙從何而來？」這個問題的假設是「宇宙必須來自某個地方」。它還假設「另一種可能性存在」，就好像在某些條件下宇宙可能不存在一樣。

但如果宇宙就是存在呢？如果它必須存在，而宇宙不存在的替代方案真的不是一個有效的選項呢？

這可能聽起來像古怪的哲學語義，但實際上有個嚴謹的純數學論證來支持這個論述。事實上，最可能的數學論證是「如果宇宙本身是純數學呢？」

物理學家使用數學來描述宇宙定律。數學是物理學的語言。不過，假如數學不僅僅是計算星體或解決物理問題的有效方法，數學不只是描述宇宙，而本身就是宇宙呢？

從這觀點來看，宇宙是個數學表達式，一個邏輯和可能

性的原始概念。宇宙的存在方式與數字「2」或恆等式「3 + 7 = 10」的存在方式相同。從來沒有人問過,「為什麼數字 2 存在?」或「數字 2 是從哪裡來?」數字 2 就是……「存在」。同樣的道理,某些物理學家和哲學家說:「宇宙之所以存在,是因為它依照數學方法運作。」既然描述我們宇宙的所有物理定律都是有道理的,因此宇宙就是「存在」。

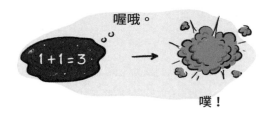

事實上,這些物理學家認為,所有在數學上有意義的物理定律都必須真實存在。例如,可能有一組物理定律,其中重力是三倍強度,或者具有第五種基本自然力定律。如果方程式有效並且定律本身沒有任何邏輯上的不一致,那麼根據這些物理學家的說法,那個宇宙一定存在。就像所有數字或所有邏輯方程(如 1 + 1 = 2)都存在一樣,任何自洽[*2]的宇宙公式也必須存在。如果一組潛在的物理定律不起任何作用,那麼具有這些定律的宇宙必須消失或永遠不會出現。

這是真的嗎?有可能。許多物理學家保持著懷疑態度,因為目前似乎有很多不同方法可以為宇宙建立一套數學規則,比

---

*| 2　譯注:從自身的邏輯開始推演,可以證實自身沒有矛盾或錯誤。

如弦論。弦論是一種量子引力的潛在理論,有 10^{500} 個變化,每個都與我們的宇宙一致。

　　但也許只是我們的理論還沒有完成。一旦我們完成對自然定律的理解,我們可能會發現一個單一有效理論,告訴我們只有一個可能的數學宇宙。在那種情況下,我們的宇宙不僅僅是必須存在,也是唯一的方案。

★怎麼可能無中生有?

　　如果你閱讀本章是希望我們能回答關於宇宙的基本問題,那麼你並不孤單,你不是唯一有這個期待的人。遺憾的是,大多數理論似乎告訴我們,宇宙並非來自任何事物。這些理論告訴我們,也許宇宙一直存在,或者宇宙必須存在,甚至是問宇宙來自何處都沒有意義。

　　這可能反映了物理學家傾向於迴避問題。畢竟,如果你能證明宇宙來自某物,你就必須問:「那東西是從哪裡來的?」這個循環將永遠不會結束。

吶,我希望有一天能退休。

　　但是，迴避這個問題有點令人沮喪，因為它違背了我們對宇宙根深柢固的先入為主之見：一切都必須來自某個事件。

　　我們從早期的教育以及日常經驗中瞭解到，宇宙中沒有白吃的午餐，我們被教導要相信能量總是守恆，東西不會神祕的憑空出現。事出必有因，人類的大腦已經演化到會去尋找這些原因。

　　但實際上，我們在過去幾年中瞭解到，即使是這個基本想法也不一定正確。當我們看向宇宙時，會觀察到空間在積極擴張，新的空間不斷在創造。那個新空間也不是空無的，而是充滿了非零的真空能量。有了真空能量，新粒子就會出現，為我們宇宙帶來新的能量和物質。

　　這代表兩件事。首先，宇宙還在誕生中（換句話說，宇宙還沒有完全從哪個地方「生出來」）。其次，能量有可能自發的出現。當我們說話時，能量就在我們周圍發生。

　　所以「宇宙從何而來？」也許不是最好的問題。宇宙本來就存在，也許宇宙之所以存在的唯一原因是，讓我們從驚嘆中學習。

　　也許我們真正應該問的問題是「我們將用宇宙做什麼？」

我們就不能好好相處嗎？

12.

時間會停止嗎？

生活中的一切似乎總有結束的那一天。

無論是慵懶的夏日午後、神祕的餅乾盒，或是嚴酷的冬季風暴和破碎的心，沒有哪個會永遠持續下去。時間無可避免的不斷流逝，歡樂和痛苦都會在過去消失，為現在騰出空間。時間本身似乎是世界上唯一一件永遠不會結束的事。

如果我們能知道時間是否會在某天結束，或者至少知道時間是否可以停止，那該有多好。時間若能停止，對我們規劃生活會有莫大幫助，或許我們可以每隔一段時間，就按下暫停按鈕，盡情享受特定的歡樂時光、或有意義的時刻。

　　時間會一直存在，永遠朝著無限的未來前進嗎？還是時間可以停止、有結束或用光的一天？

★時間可以結束嗎？

　　遺憾的是，我們並不是很瞭解時間。在物理學中，我們知道時間連接著宇宙的不同配置。譬如說，在地球上將一顆球直接拋向空中，我們知道過了一段時間之後，球會回到原來的出發點。這就是物理學的全部含義：描述宇宙如何隨著時間的流逝而前進。物理定律告訴我們，時間允許什麼事情發生，又禁止了什麼事情發生。

　　但時間可以結束或停止嗎？答案可能取決於我們對時間停止的定義。讓我們探討幾個可能性。

☆時間停止是否代表「不再有物理定律」？

　　時間是排列和連接宇宙所有不同狀態的東西。所以當時間停止時，也許所有規則都會消失。既然物理定律是奠基在時間之上，還規定隨著時間的推移會發生什麼事情，也許時間終結就代表秩序死亡。一旦時間停止，因果關係可能不再有任何意

義，宇宙將處於完全混亂的狀態。秩序死亡並不是我們樂見的情況。

☆時間停止是否代表「不再有變化」？

　　或許時間終結只是代表宇宙不能再改變。如果時間是讓宇宙變化的東西，那麼當時間停止時，宇宙可能會凍結。無論一切處於何種狀態（例如球在空中飛舞、閃電從雲層中放電擊出、恆星坍縮成黑洞等等），都會固定下來，並且可能永遠處於固定狀態。如果時間停止，是否可以停止一小段期間，然後再重新開始呢？有可能需要外部時鐘來計算時間凍結長度（稍後會詳細介紹）。如果時間凍結，也許所有時鐘跟著凍結，宇宙可能就永遠不會恢復了。

☆時間停止是否代表「結束」？

　　很難想像一個沒有時間的宇宙。相對論告訴我們，時間與空間的關係非常密切，最好將它們視為「時空」的組合概念。也許這代表時空緊密相連，甚至是同一種東西的一部分。宇宙的存在甚至有可能與時間本身的存在有關，沒有時間就沒有宇宙。這也代表，終結時間的唯一途徑就是終結整個宇宙。

　　以上所述的可能性，都指向一個關於時間和宇宙更基本的問題：沒有時間，宇宙能存在嗎？換句話說，就不能沒有時間嗎？

　　為了回答這個問題，讓我們回顧一下人類對時間的理解。

★我們對時間的理解

　　在物理學中，時間這門學問其實並沒有那麼容易理解。時間深深的存在於我們討論宇宙如何運作的理論中，以致面對「宇宙沒有時間，是否可以存在」這樣的問題，很少有科學家能夠取得任何進展。想一想，任何測試這個問題的實驗，基本

上都需要時間。你必須在某個事件發生之前或發生之後比較實驗結果，如果沒有時間，「之前」和「之後」這兩個詞是沒有意義的。我們甚至需要時間來進行實驗！

但隨著時間的進展，關於時間的本質以及時間與宇宙的關係，物理學家在沒有刻意加班的情況下已經獲得了一些重要線索。具體來說，我們瞭解下列三點內容：

一、時間有個起點（在某種意義上）。
二、時間是相對的。
三、你可能沒有時間。

讓我們逐一深入探討每個線索。

☆時間有個起點（在某種意義上）

就在不久以前，大多數科學家認為，宇宙是靜止的，有無限古老的年齡。意思是宇宙一直以現在的方式存在，推而廣之，也將繼續以同樣的方式存在。當我們望向夜空時，似乎沒有觀察到發生多少動靜。星星隨著季節變化稍微改變了位置，但它們似乎沒有年復一年，甚至世紀復世紀的變化。自然你會認為，宇宙一直都是這樣，星星一動也不動的懸在太空中。

但是當天文學家使用測量遙遠恆星距離的技術更仔細的觀察時，他們發現了一些令人震驚的事實。當初以為是氣體雲的汙跡，實際上是整個星系。

這些星系遠得要命，簡直不可思議。更令人驚奇的是，這些星系發出的光線有顏色變化，代表星系正在遠離我們。宇宙似乎比天文學家想像的要大得多，而且正在急速變大。

我是不是說了什麼？

突然間，我們明白了，宇宙並不是固定在太空中的靜態恆星全景圖；宇宙正在成長和變化。更多的發現顯示它變得愈來愈冷，密度愈來愈小。

這些發想讓人類對宇宙及其歷史有了全新的認識。如果宇宙現在正在膨脹和冷卻，那麼過去的宇宙是什麼樣子呢？如果我們將時間倒流，可以想像得到年輕宇宙更加密集、更加熾熱。但我們不能讓時間永無止境的倒流。

　　在某個時候，倒轉的宇宙會變得非常小又非常熱，極限則是一個被稱為「奇異點」的無限密度點。這個奇異點是我們對宇宙過去的投射，它打破了我們對宇宙的所有理論。即使廣義相對論能夠告訴我們空間如何圍繞物質彎曲，但廣義相對論也無法描述曲率變得無限大的奇異點。我們不知道在這種極端條件下，時間和空間會發生什麼事情，但它可能代表了我們宇宙時間線的端點。

　　事實上，某些試圖將廣義相對論與量子力學融合的理論認為，奇異點可能不僅僅是個特殊時刻，既然空間和時間密切的交織在一起，那麼就可以將這一刻視為時間本身的開端。換句話說，奇異點也是時間的開始。

　　如果時間有開始，是否也有結束呢？

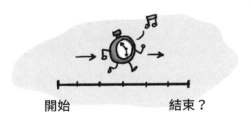

開始　　　　　　　　　結束？

☆時間是相對的

　　我們知道時間有很多奇怪特性，其中最令人詫異的是，時間不會以相同的速度在所有地方流動。時間在宇宙中某些地方走得比其他地方更快。

　　雖然令人難以置信，但物理學告訴我們，使宇宙保持同步的中央標準時間並不存在。取而代之的是，太空中的每一點都有自己的時鐘，它滴答作響的快慢，取決於你前進的速度，以及與黑洞這類巨大質量物體的距離。如果有人迅速的在你身邊移動，你會發現他們的時間走得比你慢。如果他們靠近黑洞，而你離黑洞很遠，你也會看到他們的時間走得比你慢。

　　大家經常誤以為，如果觀察者認為時間為你變慢了，你也會覺得自己的時間走得更慢。並非如此！如果你從某人身邊快速經過，或者靠近一個很重的物體，當其他人觀察你時，會發現你的時鐘走得很慢，但你自己感覺到的時間仍然是正常行走。

　　時間的快慢完全取決於你的位置，以及你相對於時鐘的移動速度。如果你帶著時鐘上宇宙飛船，就沒有相對於時鐘的移動。如果飛船靠近黑洞，時鐘也會在你身邊。在這兩種情況下，時鐘對你來說似乎都是正常運行。但是對留在地球上的觀察者來說，你的時鐘會走得很慢，這是因為他們不在你身邊。

這是否代表時間可以停止或結束呢？不見得。

在一半的光速下，宇宙飛船內的時間似乎慢了百分之十五。若是在九成的光速下，時間慢了兩倍多，而在 99.5% 的光速下，幾乎比正常時間慢了十倍。如果地球時間已經過了十個小時，宇宙飛船的時鐘似乎只計算一個小時。

雖然我們可以藉由加快飛船速度，使飛船上的時鐘按照我們希望的速度向前計時，但實際上，時間永遠不會停止。為了讓時間停止，飛船必須以光速飛行，然而對於任何有質量的東西來說，絕不可能達到光速。[*1]

同樣的，對於從遠處觀察你的人來說，當你靠近黑洞時，你船上的時鐘似乎會走得更慢。正如我們在第 5 章〈如果我被吸進黑洞會怎麼樣？〉所討論的，你看起來像是以超級慢動作向遠處的某個人移動。當你到達黑洞邊緣時，看起來幾乎完全被時間凍結，只等待黑洞的成長及吞噬。但從你本身的角度來看，時間仍然正常流動，飛船正無縫接軌的航向黑洞。

因此，將自己綁在火箭上快速飛行或進入黑洞，都無法讓你停止或結束時間。但是，如果你需要多一點時間來完成物理作業，可以想辦法說服你的老師跳上宇宙飛船，這樣他的時鐘會比你的時鐘走得慢，你就可以安心的慢慢來了。

---

* 1　當然，你也想知道：光子是如何經歷時間的？光子以光速遨遊宇宙，所看到的一切事物都相對是以光速運動，因此，宇宙中的所有時鐘看起來都像是被時間凍結了一樣。

什麼？黑洞吃掉你的作業！

對啊！你應該去檢查看看。

☆你可能沒有時間

時間是我們最根本的經驗基礎，以致很難想像沒有時間的宇宙。但實際上，這並不表示時間就是宇宙的核心部分，只是代表我們的思維可能過於狹隘或主觀。科學發現的歷史提醒我們不要有成見，因為我們有限的經驗基礎不見得能套用在所有人事物上。

生活在河流裡的魚無法想像靜止不動的水，但我們知道這確實有可能。水流概念並不是宇宙深層且必要的成分，而是在特殊情況下所發生的事情。換句話說，水可以存在而不流動。

某些物理學家認為，隨著時間推移，同樣的事情可能會發生。時間可能不是個基本的永久固定物，而是一種特殊條件，就像河流的流動一樣。為了使這個理論發揮作用，需要稱為

如果我們搞錯了對整個宇宙的理解呢？

喔！那就隨波逐流吧。

「元時間」（meta-time）的東西來產生時間規律。元時間可以像時間一樣流動，也可以不流動。當元時間流動時，我們會感受到時間的影響。當它不流動時，我們會覺得時間結束了。

某些我們認為絕對必要的基本規則，只是元時間流動的特例，例如：因果關係和時間只向前推進。也許元時間還可以做其他事情，譬如：形成漩渦或瀑布之類的東西，讓時間不停的循環移動。說不定元時間可以打破因果關係，允許你在晚餐前吃甜點。

當然，這並不表示沒有規則或任何事情都會發生。元時間仍然必須與我們的時間觀念有些相似之處，否則時間根本不可能流動。它仍然必須遵循一些規則，如果確實如此，那麼這些規則可能會有特別情況，導致我們經歷的時間可以停止。

正如我們所知，時間不一定存在，宇宙可以沒有我們所熟悉的時間。

沒有任何證據指出，我們現存的現實世界其實可以沒有時間。但這並不完全是猜測。我們知道，一百四十億年前的宇宙非常炎熱和密集，我們對空間和時間的理解不適用於那個時候，這給了我們機會思考有創意的想法。

★時間將如何結束？

　　此時，我們已經遠遠超出了物理學的舒適區，進入一個必須開始猜測的區域。而這正是科學的運作方式。每個關於宇宙如何運作的新想法，通常不會一下子就醞釀成完整的數學概念。相反的，它們是逐步發展成形，需要數年、數十年或甚至數百年的時間才會逐漸融合而成。我們有時會探索荒謬的道路，直到形成一個可以通過實驗驗證的連貫邏輯。這就像建造紙牌屋，不是由下而上，而是將每張紙牌放在半空中，直到你將其他紙牌組裝起來。

　　到目前為止，我們知道的情況指出，有多種方式可以讓時間結束。

☆大崩墜

　　其中一個可能的方式是，時間結束時會反映出時間開始時的狀態。我們認為大霹靂發生時，宇宙又熱又密，空間被壓縮得難以想像，時間可能已經開始。如果宇宙以某種方式，反向恢復到大霹靂的狀態呢？時間會因此結束嗎？

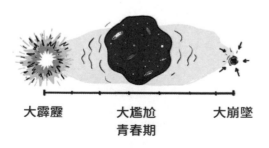

大霹靂　　　　大尷尬　　　　大崩墜
　　　　　　　青春期

　　事實上，確實有可能。我們知道宇宙在太初時期迅速膨脹，並且在此後的數十億年中，繼續變得更大。而且宇宙還加速膨脹，因此星系每年都以更快的速度遠離我們。但我們不明白是什麼導致加速膨脹。儘管我們稱之為「暗能量」，但是聽起來很酷的名字並不能真正告訴我們發生了什麼事。

　　由於我們不知道是哪樣東西讓宇宙膨脹，我們幾乎無法預測它在未來會發生什麼事。例如，這種加速可能會停止然後反轉。它可能不再增加其他星系飛離我們的速度，而是減慢星系的速度，最終停止星系，並使其轉向。這種力可能不再將空間拉伸成愈來愈大的宇宙，而是壓縮空間，將這些旋轉的星系推向被稱為「大崩墜」的大規模宇宙碰撞。

　　如果宇宙中所有的物質和能量再次被壓縮到一個很小的空間裡，會發生什麼事？事實上，無人知曉。這就像宇宙大爆炸的狀況一樣，對我們來說也是個謎。不過，這並不妨礙我們享受思考的樂趣！

　　時間可能會與宇宙的其餘部分一起結束。結束時未必會有個突然的盡頭。終點可以是個彎曲的末端，例如，北極的北端方向。時間將在那個點被限制，並且沒有更多的時間超過那個點。

　　即使宇宙的所有物質和能量都被壓縮成一個奇異點，空間和時間也有可能繼續存在。因果關係和我們宇宙的規則將繼續運作，但如果沒有我們習慣的粒子或力，一切都會變得奇怪和陌生。在那樣的情況下，即使已經無法辨認宇宙，時間也不會結束。

現在是怎樣？

　　說不定奇異點能夠創造出另一個大霹靂，誕生出一個完全不同的宇宙。新宇宙仍然可以透過一條時間線與我們的宇宙相連，這代表時間不會結束，只是重新開始。如果這個理論是真的，那麼這條時間線將會在向前和向後的時間上連接無數個宇宙。

☆熱寂

　　時間結束的另一種方式是單純的無聊。為了理解這一點，我們首先需要思考時間為什麼會向前推進。似乎有什麼東西正在轉動宇宙時鐘內部的曲柄，而且只朝一個方向轉動。

　　長期以來，時間一直困惑著物理學家，甚至早在物理學家出現之前就造成困擾。[2] 讓他們感到奇怪的是，時間有兩個方向，但它只向一個方向發展。物理學家認為，一定有什麼東西讓時間只能往前進而不能向後退，就像有個更深層的引擎，時間被禁錮在上面。

---

*｜2　物理學家不喜歡「前物理學家時代」這件事。

時間的大倉鼠

　　某些物理學家認為他們已經找到答案了。宇宙確實有一種內建的方向標記：熵。

　　熵很容易被誤解，常常與混亂或無序混淆在一起，但其實大不相同。如果一個系統的內部粒子有更多的排列方式，我們就說它有更多的熵。例如，如果你需要分布一堆物質，將它們聚集在某個角落的排列方法比較少，讓粒子散布到它們各自想去的地方則有比較多的排列方法。溫度也是如此：與同時有熱點和冷點的狀況相比，一團東西在均勻溫度下的排列方法較多，因為在均溫下，粒子可以分布在任何一點。

　　熵有個很有趣的特性，隨著時間的推移，熵穩步上升。我們的宇宙起始於非常低的熵，那是個非常有組織、密集的壓縮狀態，從那之後宇宙一直膨脹並獲得熵。

　　除此之外，熵的另一個迷人之處是，它有邊界：即可能的最大狀態。當世間一切都冷卻下來並完全均勻分布時，熵就碰到天花板，不能再高上去。更重要的是，它也不能再低下去。可以說，宇宙卡住了。就像是沙漏一樣，一旦沙子全部落到底部，就再也無法回流。

　　對時間來說，這代表什麼意思呢？有人愜意的稱這種狀態為「宇宙熱寂」，也就是宇宙不可能再做任何有用的事情。大多數你想要做的事情（譬如，造一個星球、給手機充電或跑操場一圈等）都需要能量流動，這只有在能量不平衡或集中的地方（比如，你的手機電池）才有可能達成。

　　但如果所有的不平衡都被消除，一切都達到了最大熵值，那麼你就無法做任何有用的事情。能量不能流動，就像水在一個完美靜止的水坑一樣。當你到達宇宙的盡頭，就沒有地方（或沒有東西）可以幫你的手機充電。

　　某些物理學家看到了時間和熵之間的相關性，情不自禁就說：「時間向前流動是因為熵在增加。」熱力學第二定律說：「熵和時間總會一起增加」，這些物理學家因此進一步提出：「如果熵達到最大值，那麼時間本身也會停止！」

　　當然，這觀點似乎太過跳躍，原因有二：其一、我們不知道熵是否真的推動時間向前，其二、最大熵並不代表宇宙停止運動。即使在最大熵之下，粒子仍然可以四處飛行。唯一的限制是，熵的總量不能增加（或減少）。宇宙可能在這種最大熵的狀態下繼續存在，但時間卻不停的在流動。

不過，這個狀態肯定會讓人覺得像是時間的終結。在熵最大時，宇宙將像一個平淡的水坑，不會（或永遠不再）發生什麼有趣的事。因此，雖然它可能不是時間的盡頭，但肯定會是樂趣的盡頭。

在時間盡頭的親子時間

☆誰知道呢？

如果時間不是宇宙的基本屬性，而只是在某些特殊「元時間」狀態下所發生的事情（如河流一樣），那麼這些狀態就有可能結束的機會。

也許在元時間之河的盡頭，我們所知的時間會瓦解，因此時間不再向前流轉。宇宙可以在沒有時間的狀態下存在，平靜得好像不會流動的河流或湖泊。這種新狀態將與我們曾經經歷或想像的任何事物大不相同。沒有時間和空間，物理學中的事件就沒有因果關係。宇宙的存在只會是未連接的隨機量子泡沫。

為了理解這一點，我們需要知道量子力學如何和空間交互作用，這是自愛因斯坦以來，所有物理學家都一直在尋找的理論。這代表我們甚至無法理解元時間是如何運作的，或者是什麼事物可能導致所有狀態發生變化。據我們所知，元時間停止流動這件事可能在明天或後天發生。不過，只有從外界觀察元時間流動的人才會知道。

但這種時間的結束也可能是暫時的。就像一座湖泊注入不同的河川一樣，元時間仍然可以繼續演變並將複雜的線索拉到一起，讓時間再次流動。

有趣的是，我們甚至可能不會注意到時間是否停止並重新開始。我們可以藉由規律前進的物理過程來測量時間：滴答作響的時鐘、從沙漏上落下的沙子、在原子量子能階態之間跳躍的電子等等。因此，如果時間瓦解或停止，那麼這些計時器會停止。這也包括你，因為你也是一種物質存在。由於你的想法和經歷只有在時間向前推進時才會發生，所以你將無法判斷時間的流動何時停止或放緩。就像電影暫停中的角色一樣，你不知道自己被暫停了多少次，或暫停了多久時間。

喔噢！暫停一下，上個廁所。

★我們時代的終結

是時候面對事實了：我們其實不瞭解時間。不知何故，生活在時間之中並不一定能讓我們深入瞭解時間如何運作，就像我們自己深奧的思想一樣。

我們確實有些初步概念。或許時間是永恆的，宇宙時鐘會永遠向前走，滴答作響到無限的未來。時間也有可能不是宇宙結構的基礎，而是種可能不會永遠持續下去的特殊安排。時間也有可能是宇宙的基礎，終結時間的唯一途徑就是宇宙不復存在。

眼下，時間河流彷彿持續順暢的流動著。但誰知道呢，也許像大崩墜或熱寂這樣的特殊情況會揭開一些新的現象。

我們可能一直思索這個問題下去，直到時間的盡頭。

13.

真的有來世嗎？

很不幸的，死亡是每個人都難逃的宿命。

我們都染上名為人類壽命的絕症。也就是說，我們的身體不會永遠存在，最終會停止運作，讓位給熵和衰敗。但是，生物生命的終結也代表你的終結嗎？

我想，被隕石砸扁是很酷的死法吧。

這可能是最深刻、最古老的問題：我們死後會發生什麼事？這個問題在情感上讓人產生許多共鳴，因此成為大多數宗教和文化的核心。各種關於來世的想法確實令人印象深刻，有時甚至有點瘋狂。比如，北歐神話說：「我們死後會前往有棵巨大黃金樹的雄偉大廳。」很誇張吧！

通常，科學家會把這個課題留給哲學家和宗教學家。但是，自人類從數千年前開始思考這個問題以來，已經瞭解了很多宇宙運作的知識。有鑑於我們對宇宙法則的瞭解，來世是否可能存在呢？

★天堂物理學

探討死後世界可能樣貌的想法有許多，在大多數宗教中，這會涉及到你生存在新的、非塵世的情況裡。每個宗教各有其不同的情況：有時是存在於白雲之中，伴隨天使的翅膀和豎琴演奏（或反過來，存在於黑暗地底世界中，伴隨乾草叉和火）；有時是與太陽同行，或者是與勇士之神一同暢飲啤酒，無限歡唱。在大多數情況下，來世會持續到永遠，導致每個人都對抵達之後的居住環境感到有些不安。

除此之外，大體上來說，你在來世的時候仍然是你。你的個性、意識和記憶都以某種方式倖存下來，即使在永恆不朽的新階段，你仍然有可能體驗事情和自我覺察。

這在科學上有可能辦到嗎？你是否能以某種方式傳送到另

一個領域，並且就像目前的你一樣，在那個領域繼續存在，只不過穿著長袍或舒適的拖鞋呢？讓我們姑且相信來世，去思考可能的工作原理。依據科學論述，傳統來世的定義似乎有三個關鍵要素：

一、有另一個你可以活得比肉體更長壽。
二、那個你被捕獲並傳送到另一個地點。
三、你在另一個地點仍然能夠體驗事情，直到永遠。

讓我們逐一考慮每個要素，看看這些想法是否有一個版本與我們對宇宙的物理瞭解相容。

我有些疑問……

★超越你的你

大多數宗教都假設：你的某部分可以在身體死亡後倖存下來。為了瞭解這個假設是否有科學上的意義，首先我們得弄清楚，實際上你該試圖保留的是哪個部分。例如，我們絕大多數的人沒興趣繼續寄居在自己屍體上，像殭屍一樣蹣跚而行，吃光昔日老友。

那麼，如果我們願意放下肉體，我們想要保存的是什麼？究竟是什麼讓你成為了你？

這是科學真正可以深入研究的問題。物理學在物理領域運作（廢話），因此它假設一切都遵循物理定律。據我們所知，讓你成為你的原因只是……你的粒子。更具體的說，取決於粒子的排列方式。

好像你喔！

瞧，事實證明，我們在世界上看到的一切都是由相同的積木構成。我們與所有物質的交互作用都是由兩種類型的夸克（「上」和「下」夸克）和電子所構成。世界就是這樣。這兩種夸克可以用不同的方式結合形成中子（一個上夸克加兩個下夸克）和質子（兩個上夸克加一個下夸克），然後與電子以不同的比例結合，形成元素週期表中的每個元素。這些元素可以繼續組成美洲駝、船舶、微生物甚至到所有的一切萬物。

也就是說，除了元素和粒的排列方式之外，你和這個世界上的任何事物（或人）並沒有什麼不同。你的一公斤粒子含量與熔岩、冰淇淋或大象的一公斤粒子含量幾乎相同。如果你要寫一本製作出地球上任何東西的食譜，每個食譜都會有相同的成分列表：夸克與電子的比例為三比一。

物理烹飪書

　　每個在廚房裡失敗過的人都知道，食譜不僅僅是一份食材列表。如果以錯誤的方式混合原材料，可能會做出連狗都不想吃的東西。就你來說，將你與熔岩、冰淇淋和蟲子區分開來的關鍵因素不是粒子本身，而是在於粒子的排列方式。

　　事實上，真正用來組成你的粒子並沒有任何特別之處。從物理學的觀點來看，所有電子都是一樣的。如果你把夸克或電子換成新的，然後把它們放回原來的位置，並不會發生任何變化。

　　這代表你只是粒子如何排列的資訊。即使你的身體死亡，你也可以存在。你所要做的，就是以某種方式複製排列資訊，並保存在其他地方。

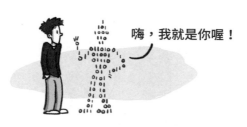

☆將你傳送到另一個地點

在大多數來世場景中,下一步是把你(不管是哪一種形式的你)以某種方式傳送到另一個領域或位置。從物理學的角度來看,你的資訊以某種方式,從你的身體複製或轉移到另一個地方。但這衍生了幾個重要問題:

◆ 如何讀取或捕獲(提取)這些資訊?
◆ 需要複製你的所有資訊,或只需某一部分?
◆ 哪個版本的你可以保存下來?

第一個問題「如何讀取或捕獲這些資訊?」更像是個過程問題。如果要在邏輯宇宙中運作的話,任何將你帶到來世的機制都必須基於某種物理原理。迄今為止,我們確實擁有可以掃描你身體的技術,例如,磁振造影或電腦斷層掃描。我們也有可以檢測單個原子的技術。這兩種技術持續發展,與日俱進。我們不難想像,在不久的將來,會有一個操作程序可以將你的身體掃描到原子或粒子層次。

別動。　　　喔!不。

　　但是從物理學的角度來看，這麼做會遇到兩個問題。首先，任何掃描都需要為你的身體提供能量。要檢測單個粒子，你需要以某種方式觀察它們，通常的做法是用光子或其他粒子撞擊。最重要的是，宇宙不允許免費複製量子資訊。這是量子力學的一個核心原理，稱為「不可複製原理」，即量子資訊無法在不破壞原始資訊的情況下複製。到目前為止，我們還沒有看到任何證據顯示，人類在接受身體掃描時，或者粒子在人類死亡後，會在量子層次遭到破壞。

　　我們也不確定，是否可以在量子層次複製你所有的粒子。人體有 10^{28} 個粒子，掃描所有的量子態並非易事；相較之下，人類文明的電腦記憶體總數（目前約為 10^{21} 個位元組）相形見絀。今日，我們如果使用現有的每一台電腦，也許可以儲存你一個腳指甲所包含的資訊。

記得要按「存檔」！

　　當然，資訊有可能只是單純的開放給執行通往來世的任何東西。也許我們的宇宙就像在另一個宇宙的模擬，在這種情況下，你的資訊只是存在於某個地方的硬碟上，隨時可以被讀取和複製。

　　第二個問題「需要複製你的所有資訊，或只需某一部分？」其實是一個更偏哲學的問題。例如，來世真的需要你身體的所有資訊嗎？在你死亡的那一刻，知道你腳指甲中每個夸克在做什麼，真的很重要嗎？

　　或者，來世會不會只需要你的部分資訊？如果是這樣，需要哪些部分呢？

　　我們知道，所有粒子的排列方式使你與眾不同，但是粒子排列到底有何作用？粒子排列定義了一台生物機器，執行一套在細胞層次的機械過程，會從世界上獲取資訊並對資訊做出適當的反應。你的腳趾、四肢的量子粒子排列方式對來世很重要嗎？你的腸子、甚或是腸子的反應也很重要嗎？

　　可能你在來世真正需要的東西，並非體內每個粒子的排列方式，而是生物機器的設計方式；也許依靠的不是所有細胞的量子資訊，而是細胞如何相互連接，以及儲存在大腦迴路中的資訊。如果真是這樣，肯定會幫助你節省大量的硬碟空間。

　　你可以想像一下，把你的資訊進一步壓縮，如同你自己的模糊 JPEG 圖像，忽略掉愈來愈多的細節。不過，這樣子的你還是你嗎？或者它只是一種簡化，就像你的「本質」一樣？

嘿，至少你不是張會動的 GIF 圖像。

　　最後一個問題「哪個版本的你可以保存下來？」更像是時間問題。我們的身體和思想在生活中發生了很大的變化。雖然我們的意識體驗和知識隨著年齡的增長而變得愈來愈大，但我們的身體和心理能力會達到巔峰，並在某個時候開始下降。哪個版本的你會進入來世？換句話說，複製和貼上會在什麼時候發生？

　　如果複製和貼上發生在你去世的那一刻，可能會有些事情讓你想要抱怨，例如，為什麼你不是處於最佳狀態呢？或者，如果發生在你身上的事情導致你死亡，而你並不想隨身攜帶到永恆之地呢？究竟誰可以選擇，又要如何選擇？

　　或許捕捉你來世的過程發生在一條曲線上。也許複製的是你的平均值，或者是使你 JPEG 圖像獨一無二的總和。如果我們只是資訊，那麼科學就知道很多技巧可以用來壓縮、取平均，或找到資訊最重要的特徵。

別動。

☆永遠存在於另一個地方

來世拼圖的最後一塊是「你」會以某種方式永遠活在另一個地方。在某些來世的想法中，這個地方是在雲層之間（或地面之下）。在其他情況下，來世之地只是一個獨立存在的領域，與我們存在的空間分離。

這個想法聽起來很奇妙，但是物理學積極考慮多重宇宙的概念。想法合理與否，很大程度上取決於來世所在的位置。

為了解釋我們宇宙的起源，物理學家設計出一個想法：我們的宇宙有可能是一個大型「元宇宙」的子集。在理解我們宇宙的規則方面，物理學取得了一些進展，但對於弄清楚我們的宇宙為什麼存在，卻沒有太多瞭解。有個概念是，也許我們的宇宙只是更深、更大宇宙（元宇宙）中的一個氣泡，而我們的時空只是在特殊條件下僥倖產生，但本身並不是根本的存在。在這種情況下，前往來世代表我們的資訊以某種方式被掃描並複製到外部宇宙。

另一種可能性是，來世存在於平行宇宙中。物理學中的

歡迎來續攤！

我們的宇宙

真實的宇宙

「多元宇宙」概念提出，我們宇宙也許不是獨一無二的，在別的地方可能還有其他時空氣泡存在。在某些理論中，其他宇宙是我們宇宙的替代版，可能透過量子決策、或不同的初始條件、甚至不同的物理定律所分裂出來。

如果真是這樣，那麼我們宇宙可能有個更理想或更烏托邦的版本（類似香格里拉）。與此同時，我們宇宙也可能有更糟糕的版本，如同冥府那樣充滿了火與憤怒。無論如何，我們的資訊必須藉由某種方法傳送到其他宇宙，物理學家目前認為這是不可能的任務。

除此之外，還有另一個有趣的概念：其他宇宙與我們宇宙的規則可能完全不同。你必須對資訊做出什麼樣的調整才能存在於其他宇宙呢？時間和因果關係會以同樣的方式運作嗎？你的資訊會放在什麼樣的容器或機器上（無論是否為生物有機體）呢？畢竟，如果來世是永恆的，你也希望能夠在新的宇宙之家中思考、改變和體驗事物。你想要的是死後生命，而不是永遠待在原地。

也就是說，無論是透過物理量子態、還是其他我們無法想像的東西，元宇宙必須能夠執行你的軟體。這就像是把人類程式移植到新型的外星電腦上。

★天上人間

最後一種可能性是，我們的宇宙可能是元宇宙。來世可能存在於我們的宇宙之中，而不是在宇宙之外或旁邊。

舉例來說，或許某些鄰近的外星物種為我們創造了瓦爾哈拉[*1]，並準備好掃描儀，把死後的我們複製進去。或者更有趣的是：我們可能為自己創建來世。

這該如何運作？嗯，我們可以開發出某種科技，跟我們想像中某種天國力量一樣，用來把我們帶進來世。

例如，我們可以開發分子或粒子層次（或至少是人類本質層次）的全身掃描技術。我們還可以開發生物工程或三維立體列印技術，來為我們自己建造新的身體。這兩種技術可以用來創造我們自己更年輕或更健康的新副本，並且可以將它們傳送到不同地方。也許我們可以把它們安置在一個更理想的地方，或者更糟糕的地方，這取決於你製造來世的原因。

當然，我們的技術距離達成這個目標還差很遠，而且也需要考慮一些棘手的量子力學問題，正如我們之前所提到，與其如此，倒不如沒有肉身可能會更容易些！

與其試圖重新創造你的身體，你可以利用你只是資訊這一事實，並在模擬的來世中繼續生活。

所有構成你的基本資訊都可以上傳到電腦中，接著電腦將

[*1] 譯注：瓦爾哈拉（源自古諾斯語「被殺者的大廳」Valhǫll）是北歐神話中奧丁的家，又稱英靈殿，位於阿斯嘉。女武神會帶領陣亡的英勇將士到瓦爾哈拉享受永恆的幸福。

為你的**數位**自我進行模擬。你的**數位**副本將存在於這種環境中，甚至會在裡面成長和變化。既然這一切都是編造的，那麼你可以專門量身定做想要的來世。每天早餐要五十個聖代嗎？沒問題！想活在 1980 年代的幻想世界，或是跟《黑鏡》中的喬‧漢姆[*2]一起出去玩？在**數位**世界中，一切皆有可能。

　　它會永遠持續下去嗎？嗯，只要有人讓電腦保持開機狀態，它就會持續下去。有趣的是，你可以將模擬中的時間設置為你喜歡的任何速度。只要電腦處理器的速度允許，你可以在電腦技術人員去喝杯咖啡所需的時間裡，在數位來世中度過一百萬次生命。

　　我們目前的電腦還不夠強大，無法儲存你的所有資訊或完美的模仿世界，但它們正在迅速改進，似乎在不久的將來，就能夠實現一個非常甜蜜的來世。

---

[*] 2 譯注：《黑鏡》是英國的獨立單元劇，探討新科技對人類社會帶來的影響。喬‧漢姆，美國演員，演出《黑鏡》聖誕特別篇，在這齣劇中探討靈魂複製。

彩虹下載中⋯⋯

★時間的漣漪

如你所見，天堂並不是個玩笑。要實現來世，就需要構建整個宇宙，自動遠程掃描無數的量子粒子，並找到一種方法，在沒有任何人注意到的情況下移動所有資訊。雖然我們不能在理論上排除這個可行性，但從物理學的角度來看，這似乎是一項艱巨的任務。

最終，物理學所能做的，無非就是觀察我們周遭的世界，並從我們可以測試和觀察到的東西中得出結論。到目前為止，我們對宇宙的看法是：宇宙遵循嚴格的規則。無論我們有多麼希望它不是，但似乎沒有例外。據我們所知，沒有證據表明，我們死亡後除了熵變之外，還會發生其他事情。

這是否代表物理學不同意宇宙來世的存在？當我們死亡，我們就永遠消失了？

並非全然如此。

根據量子力學，這個宇宙中的量子資訊無法被破壞。這代表當你的身體死亡時，它所組成的粒子可能會分離和散射，但

它們的量子資訊不會化為烏有。量子資訊可能會被吸收或轉化為其他粒子，但永遠不會消失。它將保存編碼在宇宙的量子態中，就像一個印記或一條線索。理論上，某人可以在遙遠的未來檢查那個印記，並重建你的身分，以及你做的事。這就是量子力學的力量。

這個想法也延伸到你的行動。你採取的每個行動都會和其他粒子產生交互作用，並以一種獨特的方式改變它們的量子態；原則上來說，這種方式儲存了交互作用的資訊。實際上，我們的行為會隨著時間的推移而產生漣漪，永遠不會丟失，並且始終存在於宇宙的量子歷史中。

就這樣，每個曾經有過生命的人都仍然與我們同在，透過在我們身邊的事物，留下微弱但不可磨滅的印記。有一天，你也會死去，成為一部分的宇宙紀錄。有句古老的格言說：「我們活在那些認識我們的人的心中。」根據量子力學，這不僅是真的，還是個數學事實。

宇宙記得

14.

我們活在電腦模擬中嗎？

「這真的發生了嗎？這是真的嗎？」

當我們經歷很棒或者是不太好的事情，甚至是閱讀最近的新聞時，常常會問這些問題。我們生活的世界看起來是如此離譜，或者是令人難以置信，以致讓人很難相信它真的存在。

話又說回來，也許實際狀況並非如此！

這是真的嗎？

有個已經存在了數千年的想法：我們生活所在的、用感官體驗到的宇宙，可能並不真實存在。古代宗教經常說「我們的世界只不過是種幻覺」。蘇格拉底想知道，我們是否能夠分辨出真實與虛幻的區別。最近，基努・李維在電影《駭客任務》中，用一個字總結了這一切：「哇！」

在成長過程中，我們把觀察和感受到的東西假設為真實存在的事情。而且，實體物體布滿在宇宙中，不斷移動並且相互碰撞，產生讓我們用感官接收到的景象和聲音。這些實實在在的感覺的確非常真實。但是，感覺到的真實和實際存在的事物，兩者並不一定相同。例如，夢見在大街上被像高樓那樣大的餅乾怪獸追趕，無論夢中感覺多麼真實，都不代表事情真的發生。

令人驚訝的是，現代物理學開始思考「我們宇宙的真實與否」這個問題。難道我們的世界真的不存在嗎？我們所經歷的一切是否有可能只是個宇宙模擬，由不可思議、體積龐大而且運算能力驚人的超級電腦所構建的呢？而最重要的是，我們如何知道哪些事物是真的？

★為什麼要考慮這個問題？

「這世界不是真的，我們實際上生活在模擬中」，這個想法對你來說可能聽起來很瘋狂。電腦怎麼可能生成我們亂七八糟又超級詳細的世界呢？即使是在客廳裡嗡嗡作響的蒼蠅，像

這樣簡單的生物也充滿了細節，從微小的翅膀猛烈拍打數十億個空氣分子，到每一面閃閃發亮的複眼都反射出你的臉。電腦可以模擬所有這些細節嗎？

確實真是如此。電腦繪圖已經非常詳實逼真。就以動畫《玩具總動員》為例，若把簡單原版電影與最新續集（至少已有《玩具總動員4》）進行比較，你會發現電腦技術在短短幾年內取得巨大進展。

與早期的塊狀多邊形版本相比，虛擬實境和電玩遊戲也變得異常精細。最新的體育電玩遊戲非常逼真寫實，球賽中所會發生的慶祝、挫折和發脾氣情境都能在遊戲中看到，就算仔細觀察，仍舊很難判斷是模擬遊戲，還是現場賽事轉播。考慮到科技發展的速度，不難想像，有朝一日可能很難、甚至無法區分虛擬實境和現實世界。

好真實喔！

眾所周知，有人甚至認為我們很可能生活在模擬中。當我們看到科技進步時，不難想像在未來，每個人都能在自己家用電腦上運行程式來模擬宇宙。有些人甚至想像到，在這些模擬中，可以有模擬的人運行更多的模擬（模擬中的模擬！）。如果繼續下去，很快就會出現比實際宇宙更多的模擬，不禁讓你

問道:「我們不是生活在無數模擬宇宙的其中一個,而是生活在一個真實宇宙的可能性究竟有多大?」就統計學而言,你不得不下注在我們生活在電玩遊戲中的想法上。

從哲學來看,還有另一個理由來懷疑我們可能生活在模擬中,那就是我們宇宙的運行方式似乎像一個模擬。

你看,我們的宇宙與用來構建虛擬遊戲和虛擬世界的電腦程式有很多共同點:它們似乎都遵循規則。

規則至上!

物理學的整個計畫是揭開宇宙規律。而宇宙確實似乎在跟隨規律。從量子力學到廣義相對論,我們似乎離宇宙的原始碼愈來愈近。但一個經常被忽視的問題是:為什麼宇宙要遵循規則?為什麼它如此一致和規律?

物理定律似乎在任何時間、任何地點都以完全相同的方式運作。讓人聯想到……電腦程式。就像電腦軟體一樣,我們生活的宇宙似乎不停的在運轉,盲目的執行由高級程式設計師所設定的指令。

我們的宇宙與你期待模擬宇宙運行的方式有很多共同之處,這是相當有力的證明,說明事實可能就是如此。

載入中……

★但是，這可能嗎？

實際模擬整個宇宙需要哪些資源？

很明顯的，程式設計師最近取得了驚人的成就，但這並不表示現在建構虛擬宇宙是件容易的事。從描述在單一位置的一隻簡單蒼蠅到描述世界上的所有一切，中間需要跨越巨大的鴻溝。這感覺像是一項極其不可能的任務，因為「一切」包含很多事情。不僅蒼蠅和小草有很多細節，而且蒼蠅和小草多不勝數。這還只是在我們的星球上！

為了瞭解模擬宇宙需要什麼，讓我們描繪一下一個模擬的宇宙會如何運作。在我們看來，它可能以三種基本方式發生。

☆缸中之腦

其中一個情境是，電腦正在運行模擬並向真實的人腦提供訊息。那個大腦正在根據透過感官所感知到的東西來構建它的世界概念。但這些信號不是來自真實身體的任何感覺器官，而

是由電腦模擬產生。電腦內部是一個假宇宙模型，與大腦相互作用。當大腦發送諸如「向前走」之類的訊息時，電腦會模擬向前移動的行為，並計算世界將如何變化以及向大腦提供哪些新輸入。

我看起來就像
基努・李維。

☆缸裡的外星人大腦

在另一個稍微古怪的情境中，電腦可以用外星人大腦進行模擬，然後假裝大腦其實是人類的。模擬中的外星人可能認為他們的大腦是一團果凍，裡面裝滿了數十億個神經元，但實際上，它可以是任何東西。他們的實際大腦可能更大或更小，或者按照完全不同的原理工作，比如龐大的液壓泵網絡或微型量子電腦，或者甚至更瘋狂的東西。

我也是！

☆你是一個軟體程式

請準備好進入最深的元層次。如果我們根本沒有真正的大腦呢？如果用來做模擬的大腦也是模擬呢？在這種情境下，所有活著的和有意識的思想都是更大程式的一部分。

在過去幾十年裡，人工智慧取得巨大的進步，我們現在已經可以製造出能夠模擬大腦學習、帶有記憶功能的電腦系統，進而解決問題。隨著人工智慧技術日趨複雜，人類原本信心滿滿，覺得人工智慧永遠做不到的事，現在都逐一實現了，例如：擊敗人類世界西洋棋冠軍、車子在路上自動駕駛、人臉識別、用自然語言進行真實的對話。如此下去，我們不難想像，可以創造一個虛擬世界，讓虛擬智慧生物在裡面跑來跑去。

我是基努・李維。

當然，無論你創造什麼樣的模擬宇宙，仍然需要一台巨大的電腦來讓它工作。要模擬宇宙，首先要設定初始條件：所有物體的位置以及移動的速度。接著應用宇宙法則：這些物體在第一時刻發生了什麼？它們是互相反彈，還是交叉穿越，是加速、減速或是左轉？每個物體都根據規則，隨著時間向前一步就跟著更新狀態。然後重複所有步驟再做一遍，看看會發生什麼事。

　　如果有很多物體，就可能會占用大量計算資源。例如，每個物體都需要一些電腦記憶體來追蹤它在哪裡以及在做什麼。想像一下整個宇宙需要多少記憶體，以及需要多少運算能力來處理所有數據。你必須以相同實物的等級，來模擬宇宙中每個粒子和行星令人難以想像的細節。這不可能吧？

　　也許不用那麼大費周章。模擬的宇宙要令人信服，只需要讓體驗模擬的人感覺是真實就可以了。這裡有一些方法可以讓你用比想像中更少的計算能力來擺脫這個難題。

☆捷徑一

　　你可以採取的第一個捷徑是，使模擬宇宙成為實際宇宙的簡單版本。例如，你可以使用比真實宇宙更少的維度、更簡單的規則、或把更多東西像素化來構建模擬宇宙。對生活在模擬宇宙的生物來說，僅僅因為它更簡單並不代表看起來不真實。與真實的宇宙相比，我們的宇宙可能非常簡單，但我們不知道有什麼不同，因此我們對它提供的真實度感到滿意。例如，我們可以像超級瑪利歐遊戲中有知覺的角色一樣，認為這個宇宙已經是最複雜的了。

因此，我認為我就是瑪利歐！

☆捷徑二

你還可以不進行即時模擬來節省電腦功率。沒有任何規則說，模擬中的時間必須等同於模擬外的實際時間速率。例如，你可以讓模擬運行得更慢，這樣模擬中的一年實際上是真實宇宙中的一千年。然後你的電腦將有足夠長的時間，盡可能的呈現所需要的細節，用來說服住在裡頭的生物這是真實的宇宙。

模擬中的生物不會知道速率有差別，因為這是他們唯一知道的時間速率。你甚至可以暫停模擬，拋在腦後，直到第二天才重新啟動，模擬中的任何內容都不會注意到這件事。例如，當你暫停遊戲去洗手間時，電玩遊戲中的角色會注意到嗎？不，因為他們在遊戲中。

你剛才有沒有聽到沖馬桶的聲音？

☆捷徑三

使宇宙模擬成為可能的第三種方法是，巧妙的編寫程式。你真的必須模擬宇宙中所有單一粒子，才能欺騙裡面的居民以為模擬宇宙是真實的嗎？我們在編寫模擬時常用一項技巧：只有在需要時才放大。例如，工程師模擬交通模式，會使用汽車做為基本結構單位，而不是車子內部的每個粒子；氣象學家模

擬颱風模型，會從雲或水滴開始，而不是質子。

以同樣的方式，你可以對大塊的宇宙模擬編寫程式，就像一個粗略版本，只有在需要時才進入粒子層次的細節。只有在模擬中有人建造了足夠強大的望遠鏡來觀察時，才會模擬遙遠的行星，而只有模擬中討厭的粒子物理學家建造對撞機來研究粒子時，才會模擬單個粒子。

喔，如果我這樣做，或是那樣做，會發生什麼事？

@井$%
物理學家！

★你能分辨嗎？

所有這一切都是說，我們（或至少你）[1] 完全有可能生活在模擬中。技術方面的趨勢指出這種可能性，哲學告訴我們，模擬宇宙對我們來說與真實宇宙一樣有效。這是否代表我們被困在不知所措的困境中？有什麼辦法可以區分真實的和虛假的宇宙嗎？

這取決於電腦程式的編寫程度。如果它運行完美，那麼根據定義，模擬宇宙可能無法與現實區分開來。有可能這個宇宙之外的真實宇宙要再複雜許多，而且有可能構建出一台超級電

*| 1　畢竟，我們可能不是真實的。

腦，強大到足以模擬我們所經歷的每一個細節。在那種情況下，我們可能永遠分辨不出區別。

但是，如果真實宇宙中的電腦程式與我們宇宙中的程式類似，那麼程式總是會在某處出現錯誤。這是我們弄清楚宇宙是否為模擬的最佳機會：找到故障。

喔，我找到一個
故障訊號。

故障會是什麼樣子？這取決於模擬程式的編寫方法，不同的方法造成的故障也不一樣，所以預測變得非常困難。但我們還是可以做一些猜測！

第一種可能性是，電腦的計算能力有限。例如，模擬發生在遙遠太空中的事情可能很困難。當我們構建大型複雜物體的模擬時，傾向於將它們分成更小的部分來簡化。單獨模擬每個部分，然後將結果拼接在一起，實行起來比較容易。我們宇宙的贗品版本可能會將每個星系模擬為單獨物體，因此在不同星系內部發生的事情彼此之間毫無關聯。這就像抄捷徑但又希望它不會影響結果，反正兩個星系中的生物不太可能相互影響。

但這只有在仙女座發生的事情留在仙女座時才有效。如果仙女座星系中有什麼東西可以真的影響我們星系中發生的事情，我們可以試圖用它來找到一個小故障。例如，如果仙女座

中心的超大質量黑洞正在向我們發射可以在大氣層中檢測到的粒子呢？這將直接連接兩個星系，而模擬的結果可能不會得到該有的答案。例如，粒子到達這裡的軌跡可能不規則，或者粒子的能量可能不一致。類似的事情可能會告訴我們宇宙中有些不對勁。[*2]

剛剛到底發生了什麼事情？

　　第二種可能性是，宇宙模擬的解析度可能存在限制。就像早期的 x86 電腦，只能在黑白螢幕中呈現格子狀的像素圖像一樣，贋品宇宙有可能存在能夠模擬的最低解析度。如果我們深入研究空間和物質，並發現宇宙像素化的程度已經無法用物理定律來解釋，這可能表明我們處於模擬中。

　　最後一種可能性是，我們宇宙的模擬程式可能沒有寫得很好，導致我們的宇宙一直不斷發生故障。無論程式設計師再怎麼優秀或小心翼翼，但我們宇宙的模擬似乎總是在某些時候崩潰。也許我們宇宙的程式設計師沒有考慮到某些情況，或者沒有預料到某些漏洞。

---

[*] 2　事實上，物理學家確實觀察到高能粒子撞擊地球的大氣層，但是還不能用任何天文物理學來解釋來源。

隨著我們對宇宙的瞭解愈來愈多，有可能又會發生相同的故障。例如，關於現實的本質，我們有兩種相互競爭的理論（廣義相對論和量子力學）。這兩種理論並不常相互作用，所以它們似乎仍然獨立運作，但在某些情況下它們完全互相矛盾。黑洞內部就是個經典的狀況，廣義相對論預測單一奇異點，而量子力學卻預測不確定性的存在。模擬我們宇宙的人可能沒有想清楚全部規則，而且在執行模擬時，要麼草率、要麼懶惰或是匆忙，以致發生互相衝突的結果。發現不一致的存在可能會告訴我們，現實有些不對勁。

★為什麼要建造模擬宇宙？

關於模擬宇宙整個瘋狂概念的最大問題，當然是「為什麼？」

為什麼有人（或任何東西？）會費盡心思去創造一個完整的贗品宇宙，並用連接的大腦或人造有知覺的群體來填滿贗品宇宙？他們會不會為了能源開採我們，或者為了某種奇怪的目的奴役我們？

我們的宇宙可能是某種實驗。也許有人構建了它試圖回答一個科學問題（例如「香蕉在多少個宇宙中演化？」），或者可能是一個心理問題（「在這些宇宙中，有多少人聰明到可以吃掉他們？」）。又或許我們是某種類型的宇宙實驗，還有無數其他的宇宙模擬，其中物理定律不同，甚至現實的性質不同（超級瑪利歐世界在下個宇宙中可能是完全真實的）。

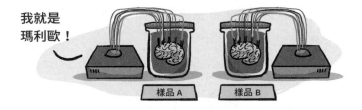

要不然，也許他們只是為了好玩。如果我們只是他們宇宙中的一個魚缸，或者孩子的玩具呢？或者更糟的是，如果我們是他們超級複雜筆記型電腦的螢幕保護程式呢？說不定足夠聰明的人或東西會認為，建構像我們宇宙一樣複雜的模擬是有趣的事？

總而言之，我們可能都生活在模擬宇宙中，這個模擬宇宙像巨大的機器一樣運行，受我們必須遵守但尚未完全理解的規則支配，而且我們可能永遠不知道現實的真實本質。如果聽起來有點殘酷，那麼請想想以下的問題：這與我們在真實宇宙中的情況有什麼不同嗎？

　　也許認為模擬宇宙和真實宇宙之間存在差異才是真正的錯覺。從實際的角度來看，它真的會影響你的體驗或自我意識嗎？無論模擬與否，無論我們是否找到答案，也許我們應該樂於存在，並滿足於學習我們存在的所有規則。如果這種情況正在發生（即使是在模擬中），這不就代表它是真實的嗎？

15.

為什麼 $E = mc^2$？

如果要說出一個絕大多數人都知道的物理方程式，那麼它大概是 $E = mc^2$。

這是物理學中最著名的方程式，可能是因為它易讀易記。它的造型簡潔大方，幾乎就像耐吉（Nike）公司的鉤形商標，跟其他看起來更像埃及象形文字的物理公式相比，[1] 絕對具有

---

*1　例如，薛丁格方程式的一個版本如下所示：

$$i\hbar \frac{\partial}{\partial t} \Psi(\mathbf{r}, t) = \left[\frac{-\hbar^2}{2\mu} \nabla^2 + V(\mathbf{r}, t)\right] \Psi(\mathbf{r}, t)$$

品牌吸引力。當然,它出自愛因斯坦或多或少有些幫助。從上個世紀以來,愛因斯坦的才華(和著名的髮型)一直是流行文化的一部分,對這公式的知名度有推波助瀾的功效。

　　但物理公式不僅僅是數學,還得能夠描述關於物理宇宙的事物。這也是 $E = mc^2$ 深深烙印在人們腦海中的另一個原因。在這公式裡,E 代表能量,m 代表質量,c 是真空中的光速,即每秒 299,792,458 公尺。將它們全部放在一個簡單好記的公式中,代表它們以一種深刻的方式相互聯繫。

　　但這公式究竟是什麼意思?質量、能量和光到底是如何相互關聯呢?這種關係對我們和宇宙的基本性質有什麼啟示?

★質量和能量

對於我們大多數人來說，質量是我們的組成材料。

如果某物體有質量，通常代表它既重、又厚、很堅固。我們傾向於認為質量較小的東西較輕、虛無縹緲或幾乎不存在。

這是我們從小憑直覺發展出來的概念，也是牛頓運動定律所捕捉到的精髓。幾個世紀以來，$F = ma$ 一直是世界上最重要的物理方程式。在這個公式中，F 是你施加在一個物體上的力，m 是物體的質量，a 是加速度或者是物體有多快可以開始移動。如果物體質量很大，就需要非常大的 F 才能使物體運動。如果 m 很小，那麼輕輕一推就可以了。

對我們來說，質量是對某物的實質衡量。質量更大的事物，如山脈和行星，感覺更真實和堅固。

另一方面，我們傾向於將能量視為完全不同的東西。能量常與熱、光、火或運動聯繫起來，似乎是一種可以流動、傳播或轉瞬即逝的東西，賦予你工作和燃燒東西的力量。能量就像是一個神奇的東西，你可以儲存起來並在需要時才釋放它。

長期以來，我們對質量和能量的直覺，與對牛頓定律和宇宙的基本理解非常吻合。雖然質量和能量可以很明顯的相互作用，但兩者是截然不同的東西。

舉例來說，如果你向某物（例如一杯水）添加能量，可以想像杯中的微小水分子（H_2O）速度加快，但水的質量不會改變。畢竟，增加熱量並沒有改變水分子的數量，只是讓它們振動得更快。至少，我們是這麼認為的。

噓！我在做物理實驗。

在 1880 年代後期，物理學家開始提出惱人的問題，例如「質量究竟從哪裡來？」「質量到底是什麼？」最初，他們研究剛剛發現的電子。物理學家注意到，帶電粒子（如電子）移動時會產生磁場。產生出來的磁場會將粒子推回，使粒子很難移動得更快。效果如同電子具有質量而難以推動，這讓物理學家第一時間想到，質量和能量（在這種情況下是磁場的能量）可能不只是兩種不同的東西。

然後，愛因斯坦提出一個巧妙的論點，解決了這場爭論。

當時，愛因斯坦全神貫注於相對論，研究物理定律如何應用在相對運動的物體上。當時就知道，沒有什麼東西可以移動

得比光速更快，而且無論移動多快，這個速限都有效。如果你
移動得非常快，仍然會看到光以光速移動。當一個人站在地球
上，而另一個人搭乘飛得很快的火箭，此時若去考慮兩者所看
到的情況，光速這種基本限制會產生一些非常奇怪的效果。

　　例如，愛因斯坦考慮岩石在太空中發熱的情況。熱量以紅
外線光子的形式從岩石中散發出來。如果你漂浮在岩石旁邊的
太空中，可能不會注意到任何奇怪的事情。你會看到光子從岩
石射出，測量到光子具有一定能量（跟其他來源的光子一樣）。

　　但是，如果你乘坐高速飛行的火箭飛船經過地球，看到的
東西會大不相同。愛因斯坦使用相對論公式計算出，你會看到
光子以不同的光頻率從岩石上射出。這種效應稱為「相對論都
卜勒效應」，類似於警車靠近或遠離你時，警笛的聲音會有所
不同。然而在這種情況下，由於相對論的規則，這種轉變有點
奇怪（因為你看不到光子的速度比光速快或慢）。

　　最終效果是，你在宇宙飛船中測量到的光子能量有別於漂
浮在岩石旁邊時的測量結果。但由於它是相同的光子，肯定是
有其他事情發生變化。

　　根據愛因斯坦的說法，岩石的動能也發生變化。但是動能來自物體的質量和速度，由於岩石在發出光子時速度沒有變化，愛因斯坦得出結論，它的質量一定發生變化。事實上，他發現到，如果乘以光速的平方，岩石質量的變化量等於光子的能量。換句話說，他發現了以下內容：

　　光子的能量＝岩石質量的變化 × 光速 ^{2}

　　也就是當光子離開岩石時，它實際上會改變岩石的質量。這種質量變化（再乘上光速的平方）與發射光子的能量相同。似乎岩石的一小部分質量轉化為能量，然後以光子的形式消失（請記住，光子沒有任何質量，只是純能量）。

　　至少可以說這是個相當劃時代的結果，它拋棄了人類幾千年來的直覺。直覺告訴我們質量和能量是完全不同的東西，但愛因斯坦方程式反倒說這兩個東西互相關聯在一起，你可以用某種方式將一個東西轉換成另一個東西，就像你走進外幣兌換處用台幣交換美金一樣。

　　此時，你可能想知道：這是什麼意思？像質量這樣有物質的東西，究竟如何轉化為純能量，而且反之亦然？

　　最初，你可能認為是某些岩石的原子以某種方式分解為光子，整個岩石的質量以這種方式減少。但事實並非如此。在光子產生之前和之後，岩石還是具有相同數量的原子，但不知何故，岩石的質量減少了。

　　因為我們不習慣東西的質量會變化，所以對我們而言，這個說法很奇怪。如果你的辦公桌上有一個金屬砝碼，你不會預期只是因為打開或關閉空調而使砝碼重量變輕或變重。不管你有沒有放冰箱，一斤糖就是一斤糖，對吧？

　　如果要瞭解到底發生什麼事情，我們就必須更深入瞭解物體擁有質量的意義。有兩條重要的線索可以幫助我們解開這個謎團。

我會監視你的一舉一動！

糖

★線索一、你的大部分質量都不是東西

你可能認為自己是由堅固的「材料」組成。畢竟，你就是吃進肚子的東西組成，而你吃的是東西，不是閃電或陽光。當你用手指戳自己手臂時，感覺相當扎實。

但事實上，如果你仔細觀察並放大構成你的部分，會發現那裡真的沒有多少東西。如果你看身體裡任何一個特定原子，很多地方都是空的。幾乎所有原子的質量都在原子核中，因為質子和中子的質量分別是電子的兩千倍。更引人入勝的是，如同第 13 章〈真的有來世嗎？〉所說，當我們打開質子或中子時，會看到它們其實是由「上」夸克和「下」夸克組成：兩個上夸克和一個下夸克形成質子，兩個下夸克和一個上夸克形成中子。

原子　　　　質子和中子　　　　夸克

所以說真的，你體內大部分的質量都在這些夸克群中。但真正有趣的是，當你分離這些夸克時，會發生什麼？

如果一起測量三個夸克的質量（例如在質子中），會發現它們的質量約為 938 MeV/c^2（1 MeV/c^2 約為 1.7×10^{-30} 公斤）。

但如果打開質子並將三個夸克分開，會發現每個上夸克的質量只有大約 2 MeV/c^2，而下夸克的質量只有 4.8 MeV/c^2。

夸克本身幾乎沒有任何質量！每個夸克質量都不到質子質量的百分之一。

然而，當你把夸克放在一起時，不知為何整體質量增加了一百倍。這就像把三個樂高積木放在一起，然後突然發現總共有三百個樂高積木的重量。這是怎麼回事？所有質量來自哪裡？

答案令人驚訝：質量來自於把夸克聯繫在一起的能量。

你看，我們瞭解到一個驚人的事實，能量就像質量一樣。比如說，如果某個地方有些許能量困在兩個粒子之間的鍵結中，那一點點的能量將很難推拉，就像質量難以推拉一樣。如果分開兩個粒子並讓能量消散，那麼粒子將更容易四處移動。換言之，能量本身具有慣性。

不僅如此，能量也會感受到重力。任何一點點被困住的能量也會使空間彎曲，並被其他物體吸引，就像有質量的東西一樣。

　　因此，就質子而言，它的質量除了是三個夸克的個別質量總和，還要再加上將它們結合在一起的鍵結能量（對於夸克而言，將它們結合在一起的是強核力）。

　　這個定律不僅僅適用於質子，而是適用於自然界中的所有事物。例如，美洲駝的質量等於本身所有粒子的質量，再加上將所有這些粒子保持在一起所需的能量（包括分子之間的常規化學鍵）。如果你將美洲駝一分為二（抱歉了，美洲駝），那麼這兩部分的質量總和將小於美洲駝的原本質量。

　　那麼我們如何算出損失質量的等效能量是多少？你猜對了，我們使用 $E = mc^2$。

　　這就是 $E = mc^2$ 的部分含義：質量等於能量。事實證明，我們認為的大部分質量（約 99%）實際上只是能量。

★線索二、其他百分之一

我們其他的百分之一呢？還是東西，對吧？事實上，並沒有那麼多。

在過去的一百年裡，我們也學到了很多關於基本粒子質量的性質。我們已經盡可能的仔細觀察，到目前為止，夸克和電子等粒子看起來不像是由更小的碎片組成。也就是說，它們的質量並非來自更小碎片聚集在一起的能量。那麼它們的質量從何而來？

1880 年代的最初想法其實是正確的。由於電子會產生磁場，所以電子較難移動。但還有另外一個場也在抵抗它們移動，那就是希格斯場。這個量子場充滿了宇宙，牽引著所有物質粒子，使它們較難移動。每個粒子的質量都源於與希格斯場的交互作用。但這只是部分解釋。

完整的解釋是質量來自希格斯場的能量。如果粒子與儲存在希格斯場中的能量有很多交互作用，就會變得很難移動，如果交互作用較弱，移動起來就比較簡單。換句話說，每個粒子

我覺得……
好重……

的質量不過是與希格斯場能量聯繫的強度。

　　我們還可以更進一步推論。根據量子理論，夸克和電子本身只不過是宇宙量子場中一點小小的能量漣漪。粒子只是能量的爆發，就像喊叫聲是空氣中的漣漪，波浪是海水中的漣漪一樣。換句話說，就連粒子本身也只是能量！

★重量級的結論

　　「物體的大部分質量是將物體結合在一起的鍵結能量」，以及「就算每個粒子的質量也只是能量」這兩條線索引導我們得到一個令人讚嘆又有點震驚的結論：我們認為的質量實際上並不存在，一切都只是能量。

質量是能量

　　這就是太空中的岩石在輻射光子時失去質量的原因。但失去的並不是質量，因為它將物質轉化為能量。所有的物質都已經是能量。岩石只是將能量從一種形式轉化為另一種形式。在這種情況下，它將分子運動或振動的能量轉化為光子。

所以當你想到太空中的岩石時，不要認為它有質量和能量。把它想像成一大團聚集的能量。某一部分能量存在於粒子中，某一部分存在於粒子之間的鍵結，還有另一部分存在於粒子運動，但全部的能量都只是儲存在一個能量池裡。

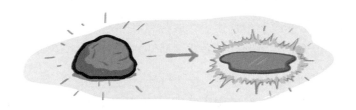

反過來也可能發生：如果岩石吸收一束陽光並升溫，能量池的能量會增加。更多的能量代表岩石將更難移動，並且由於重力作用，質量會更大。也就是說，熱岩石的質量確實比冷岩石的更大。當然，差別很小：請記住，要計算等效質量變化，你必須將光子的能量除以光速的平方，而光速的平方是一個天文數字。

這就是 $E = mc^2$ 所揭示的：質量等於能量。如今，物理學家說質量是一種能量形式。這是因為還有其他形式的能量。例如，光子可以有能量但沒有質量。

★ 做就對了

愛因斯坦著名的質能公式確實告訴我們，質量和能量之間有著深刻的聯繫。但這並不是說質量可以轉化為能量，而是說

所有質量都只是能量。物體質量是所有組成粒子的能量總和，能量來源包括粒子彼此之間的鍵結，還有粒子與希格斯場的交互作用。

能量具有慣性或是有質量的想法令人費解，也違反直覺，但這只是因為數百年來我們一直都以錯誤的方式思考質量。「東西」的概念並不存在；存在的只有能量，以及能量對空間形狀（重力）和物體運動方式（慣性）的影響。這就是愛因斯坦相對論的雙人探戈舞曲。

從根本來說，這改變了我們看待宇宙的方式。我們不再認為宇宙充滿物質和能量。而是整個宇宙包括我們，都只是能量。實際上，我們是由能量構成的發光體。

請別奢望你很快就能從眼睛裡發出雷射光。

16.

宇宙的中心在哪裡？

任何事物的中心都是至關重要的地方。

例如，你所在城市的中心是個地標，大多數的活動都辦在那裡，那裡有最好的麵包店以及做出重要決策的地方。城市的中心通常也是最古老的部分，人們在那裡烤了第一條麵包，蓋了第一座房子。

就算把範圍擴張到極大尺度，對太空中的許多東西而言，中心很重要這現象依然成立。

老字號麵包店

在太陽系裡，太陽就是中心，是由氣體和塵埃雲所形成的第一樣東西，至今仍舊是最密集的地方，也是光和能量最好的來源。由於太陽光永遠不會熄滅，絕對是最繁華的地方。

就連銀河系也有一個中心，那是個超大型黑洞，質量等同於數百萬顆恆星，強大的重力有助於將銀河系所有東西維繫在一起。

中心的另一個重要之處就是提供方向感，協助確定坐標，並提示你相對於其他一切事物的位置。在不知道位置的情況下，你可能會感到有些不知所措或迷失方向，就像在海上沒有指南針或被困在宜家商店裡一樣。

那麼整個宇宙呢？它是否有一個中心，一切都從這裡開始，所有重要的宇宙事件都在這裡發生？如果確實如此，我們離宇宙中心距離有多遠？從宇宙的角度來說，我們是住在活動核心附近還是偏僻的地方？

讓我們環顧四周，看看是否可以確定一切的中心位置。說不定當我們到達中心時，會發現一些有趣的活動。

★我們可以看到什麼？

　　通常你可以透過查看地圖找到市中心。遺憾的是，由於我們無法看到宇宙全貌，所以我們沒有整個宇宙的全覽圖。這不是因為有什麼東西擋住了我們視線，也不是因為宇宙太大，而是因為光速太慢了。

　　雖然與搶購激烈的宜家消費者和飛機相比，光速已經相當快，但並不是無限快。要把遙遠宇宙的圖像穿越數以億計的空間帶到我們這裡來，仍然是曠日費時。可惜的是，宇宙太年輕了，導致我們無法一窺全貌。

　　物理學家認為，宇宙起源於一百四十億年前，限制了我們可以看到的光子。如果物體距離太遠，造成它的光線需要超過一百四十億年才能抵達我們這裡，那麼我們就看不到它了。

　　也就是說，我們能看到最遠的東西，必須在宇宙剛開始不久就往我們的方向發送光子。任何更遠的東西，即使它的光線已經走在路上了，但還是沒有足夠長的時間抵達我們這裡。

一百四十億年

我們可以看到的空間體積就是所謂的「可觀測宇宙」。由於光以相同的速度向各個方向傳播，所以這個空間體積是一個以你（或更精確的說，你的眼球）為中心的球體。

可以肯定的是，可觀測宇宙非常巨大。因為宇宙正在膨脹，所以每個方向的距離實際上都超過一百四十億光年。光線在一百四十億年後到達，但是因為空間變大，物體本身實際上更遠了。

空間擴張將我們的視野擴大到約四百六十五億光年，使可觀測宇宙的寬度達到九百三十億光年。如果我們要尋找可觀測宇宙的中心，答案很簡單：就是你。我們每個人都處於自己可觀測宇宙的中心，因為我們都在稍微不同的位置接收光子。

事實上，每個人的可觀測宇宙逐年增長。不僅僅是因為空間仍在膨脹，而且隨著時間的推移，更多的光子能夠到達我們身邊，讓我們看到愈來愈遠的事物。

但當然，可觀測宇宙與實際宇宙不是同一回事。我們有限的視野並不一定能告訴我們宇宙是否有中心。可觀測宇宙與實際宇宙兩者的大小可能幾乎相同，在這種情況下，宇宙中心的位置我們心裡可能很快就有底。

宇宙也可能比我們所能看到的要大得多，而我們的可觀測宇宙卻窩在一個悲傷的小角落裡，錯過了所有的樂趣。

我想宇宙沒什麼好玩的。

★來自宇宙結構的提示

儘管嚴格來說，我們可以看到可觀測宇宙的邊緣，但我們才剛剛開始探索四方，弄清楚附近有什麼東西。直到最近，我們才建造出足夠強大的望遠鏡，來仔細觀察那些遙遠而昏暗的星系。

當我們環顧四周，首先會發現恆星和星系並非均勻的分布在整個宇宙中，而是像巧克力片在烤好的馬芬蛋糕裡一樣。重力經過一百四十億年持之以恆的工作，設法組合出一個大結構，再把恆星和星系擺放在裡頭。

銀河系與鄰近星系組成一個小星系團，稱為「本星系群」。裡面的星系圍繞一個共同的中心點在太空中旋轉，偶爾會互相碰撞。我們的鄰居仙女座將在大約五十億年後撞入銀河系。附近還有其他類似的星系團，和本星系群一起形成有數百萬光年寬的超星系團。

但是像我們這樣的超級星系團並不是宇宙中最大的東西。在過去的幾十年裡，我們的望遠鏡發現超星系團形成了更大的結構：巨大的泡沫長城，包裹著數十億立方光年的虛無。我們

仍在拼湊整個畫面，但據我們所知，超星系團泡沫是宇宙中最大的結構。

　　這能告訴我們宇宙的中心在哪裡嗎？如果我們看到的結構能夠透露宇宙中心可能在哪裡，那就太好了。也許我們可以看到一種模式，比如建築物愈靠近市中心愈容易變大，或者星系在它們的中心附近變得更加擁擠。

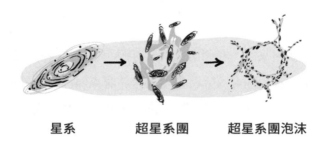

星系　　　　超星系團　　　超星系團泡沫

　　遺憾的是，這些巨大的泡沫並沒有告訴我們多少關於宇宙中心可能在哪裡的訊息。它們似乎很均勻的向各個方向前進，沒有在任何特定的一側變得更密集，我們也沒有從中發現任何類型的模式能找到宇宙中心。

★星系運動的提示

　　有另一種方法或許能夠幫助我們找到宇宙中心，那就是觀察所有星系和超星系團如何運動。畢竟，我們透過查看所有行星的軌跡判斷出太陽系的中心位置。同樣的，我們可以透過查看星系中所有恆星的路徑來追蹤星系的中心。

　　事實證明，我們在宇宙中看到的一切都在運動。我們確實認為，物質從宇宙大霹靂的第一刻起，就不斷的在穿越太空。宇宙萬物的運動是否可以告訴我們宇宙的中心在哪裡？

　　大多數人將大霹靂想像成一次大爆炸。他們認為宇宙中的所有東西都被壓縮成一個小點，然後發生太空爆炸。因此，如果我們觀察所有事物的前進方向並將時間倒轉，是否會告訴我們爆炸中心在哪裡？我們可以用三角測量大霹靂來找到宇宙中心嗎？

　　為了弄清楚這一點，我們研究可以觀察到的星系，藉由星系照在我們身上的光，從光的顏色來判斷它們的速度。就像警車靠近或遠離時，你所聽到警笛發出的聲音不同一樣，如果星系在移動，來自星系的光會改變頻率。遠離我們的星系看起來偏紅，而靠近我們的星系看起來偏藍。

　　我們觀察到了什麼？我們看到星系確實在運動，而且以不同的速度運動。但是我們後來注意到了一些令人驚訝的事情：所有星系的運動告訴我們，它們都在……遠離我們！

說真的，是我說
錯話了嗎？

　　這是否代表我們處於宇宙的中心？大霹靂發生在我們所處的這一個地方，現在一切都在遠離這裡嗎？

　　不完全如此。你看，大霹靂實際上並不是爆炸，更像是一種空間的擴張。

　　有什麼不同呢？當炸彈爆炸時，會將所有東西都推離中心。所有碎片都從一個點離開，如果你追蹤碎片路徑，它們會指向原點。這就是判斷炸彈在哪裡爆炸很容易的原因。你所要做的就是追蹤所有碎片的來源。

　　但是空間擴張不是來自一個中心，而是發生在每一點，更像是一條在烤箱中膨脹的麵包，不只是從中心生長往外推。麵團各個部位裡的小氣泡都同時長大，使麵包均勻膨脹。如果你在膨脹的麵包裡，不管在何處，都會看到麵包的每一部分正在遠離你。這解釋了為什麼我們看到事物從各個方向遠離我們。無論你在膨脹宇宙中的哪個位置，都會看到同樣情況。

　　可惜的是，這也代表我們不能用宇宙膨脹來判斷一切的中心在哪裡。我們所知道的宇宙是四面八方都在增長，就像膨脹的麵包，所以宇宙中心可能在這裡，也可能在任何地方。

　　可悲的是，我們也無法從超星系團泡沫和超星系團的運動

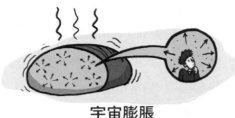

宇宙膨脹

中分辨出宇宙中心在哪裡。如果它們都在軌道上圍繞一個中心點移動，那就太好了，但是到目前為止，它們似乎並不是這樣做。

★尋找宇宙的外殼

這一切是否代表我們永遠找不到宇宙的中心呢？倒也不一定。

某些人可能會認為，僅僅因為麵包往四處膨脹並不代表它沒有中心。沒錯，麵包每個點都在膨脹，也仍然可以有一個中心。但這取決於麵包的形狀。

永遠不會過氣的麵包笑話[1]

一種定義中心的方法是利用幾何學。對麵包來說，中心點往各個方向的麵包量都相同。你可以透過追蹤麵包所有邊緣（即麵包皮）的位置，找到所有邊緣的中點來計算出中心點。

我們能夠如法炮製找到宇宙的中心嗎？當然可以，但這取決於宇宙是否有形狀！

問題在於，我們連宇宙是否有像麵包皮一樣的外殼都不知道。我們看不到那麼遠，因此我們無法分辨可觀測宇宙的邊緣。但宇宙有幾種可能的形狀。

☆宇宙像團球狀物

如果宇宙確實有個形狀，可能看起來像麵包，在這種情況下就會有個中心。這個中心可能十分重要，比如它可能包含某些在大霹靂中形成的最早物質，或者可能實質上是宇宙其餘部分的起源地，但也可能這個中心不是很特別，也許只是剛好在中間地帶。舉例來說，俄克拉荷馬州就在美國的中心，但很少有人會認為它特別重要（抱歉了，俄克拉荷馬州）。

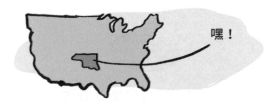

☆宇宙無限大

宇宙也可能持續在做自己的事，用超星系團泡沫來填充空間直到永遠。「永遠」是個很難理解的概念，但這代表你可以往任何特定的方向旅行，永遠不會跑出宇宙。這聽起來可能很奇怪，但很多物理學家說：「無限宇宙比有限宇宙更有道理」。如果宇宙是無限大，那將帶來令人震驚的結論：宇宙沒有中心。如果你將中心定義為往每個方向都有相同數量的東西，那麼無限宇宙中的每個點都滿足這個定義，因為每個方向都有無限多的東西。

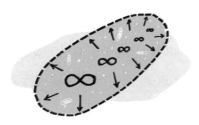

☆宇宙的形狀相當有趣

最後一種可能性是宇宙有個有限的形狀，但是沒有一個中心點。這怎麼可能呢？嗯，事實證明，空間是可以彎曲的，因此它並不總是直線。也就是你可以用各種有趣的方式塑造空間。例如，宇宙可能在自己身上彎曲，就像地球表面的曲線一樣。如果是這樣，那麼它的中心在哪裡？就像地球表面沒有中心一樣（仍然不是你，俄克拉荷馬州），宇宙也可以沒有中

心，也可能以一種奇怪的方式彎曲，就像甜甜圈的形狀。如果是這樣，宇宙就會有個中心，但那個中心不會在宇宙內部。

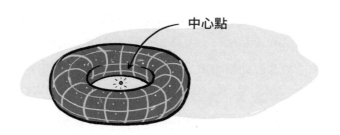

中心點

　　雖然我們不太可能去那麼遠的地方，親自檢查宇宙是否有外殼、宇宙是不是無限大，或者形狀像不像甜甜圈，但我們仍然有可能從這些可能性中知道哪一種是正確的。藉由研究空間的性質並觀察我們四周的曲率，也許有一天我們能夠推斷出空間的整體形狀，並從中得知宇宙是永遠持續下去還是循環往復，或是找到幾何中心的大致方向。

★中心點

　　遺憾的是，宇宙的中心對我們目前而言仍是個謎，而且我們可能永遠也無法破解。我們甚至不曉得宇宙是否有中心！

　　但無論宇宙是否有中心，我們至少可以確定一點：宇宙到處都在膨脹。我們也知道大霹靂並不是空間爆炸，而是空間本身膨脹。在某種程度上，這個事實告訴我們，每個地方都同等

重要，宇宙中沒有哪個地方比其他任何地方更特別。就像麵包一樣，宇宙中的每一個點都是創造出來的新空間，也就是每一個點都是它自己小宇宙的中心。

對於物理學家來說，這種情境感覺更為自然，因為物理定律不應該偏袒任何一點。如果有一個中心點，那麼物理學家會問：「為什麼是那個點？為什麼不是其他點？」因此假設一個民主的宇宙比較簡單乾脆。

所以最終，也許我們不需要知道宇宙的中心在哪裡。每個人都可以滿足於成為自己可觀測宇宙的中心，將自己停在其他人的宇宙觀中，並隨著宇宙繼續（可能是無限的）向各個方向擴展，從而增強我們對它的認識和感知。

宇宙：就把它晾在那裡膨脹。

注：加分題，上 Google 地圖，搜索「宇宙中心」（center of the universe），然後縮小看它在哪裡。

17.

我們能把火星變成地球嗎？

　　地球很棒，對吧？它有令人難以置信的美景、美味的街頭美食和一流的學校。只要我們好好照顧它，人類應該可以在地球上舒適的生活很長時間。不過，地球是我們唯一可以居住的星球嗎？可惜的是，環顧我們的太陽系，沒有任何其他選擇具有相同的豪華設施，甚至連最基本的居住條件，譬如合理溫度、可供呼吸的大氣層或地表液態水都沒有。

這個地方
看起來很
不錯。

沒有空氣？
休想！

　　即使我們在某處發現了另一顆像地球一樣的行星，除非我們發明曲速引擎或找到操縱蟲洞的方法，否則到那裡也需要花

費數十年、數百年或甚至數千年的時間。相反的,如果我們在離家更近的地方找到一個略欠修繕的房屋呢?我們可能不需要花費數十年時間擠在發臭的殖民船中,只需要花點力氣和上一層油漆,就可以搬過去住。

來吧!讓我們看看位在隔壁的行星:火星!它確實需要一點整修和更新衛浴設備,但真的潛力無限。它在三個最重要的評分項目中獲得非常高的分數:地段、地段、還是地段。

改造火星需要什麼?我們能讓火星變得像地球一樣美好嗎?

我們上工吧!

★生活在火星上

當我們說「想讓火星適合居住」時,意思是我們希望它盡可能與地球相似。理論上,我們可以建造太空站住在裡面,出門的時候必須穿著尖端太空裝。我們甚至可以建造巨大的圓頂來封閉城市,並一直待在室內。但那會是怎樣的生活呢?

　　要真正把一個地方稱為家，我們希望能夠在綠色公園裡自由漫步，呼吸新鮮空氣，享受每一寸土地。我們不想穿太空裝去散步，也不想塗上防晒係數兩千的乳液來避免被宇宙輻射晒傷。

　　問題是火星並不完全處於適合居住的狀態。為了讓火星更像地球，我們需要改變它現在幾個不太適合居住的地方：

◆ 表面沒有液態水。

◆ 那裡很冷（想想南極洲，一年到頭都很冷）。

◆ 沒有可呼吸的大氣層。

◆ 表面受到有害宇宙射線的轟擊。

讓我們逐一解決這些問題。

☆水，無處不在

　　大家都知道，水與生命息息相關。據我們所知，不僅所有生命都需要水才能生存，而且我們認為生命始於水中。當我們環顧太陽系尋找外星生命的可能性時，我們首先要問的就是：液態水在哪裡？到目前為止，地球是太陽系中唯一一個在地表發現液態水的地方。我們想要的是：易於獲取的液態水，最好有美麗的湖泊和潺潺的溪流。

我想要游泳池。

　　當然，由於水分子實際上在太陽系中並不罕見，所以關鍵字是「液態」。事實上，天王星和海王星又稱為「冰巨星」，因為它們有太多的固態水。穀神矮行星估計有一半是冰，小行星帶的很多岩石基本上都是巨大的髒雪球。事實上，科學家認為地球上大部分的水來自太陽系遙遠另一端。年輕熾熱的地球將大量原始水蒸發到太空中，但後來彗星和其他冰冷的太空岩石撞擊地球補充水分。沒錯，我們的海洋充滿了融化的宇宙雪球。下次你喝水時，請記住你正在享受一杯冰涼、清爽的融化彗星。

新的生意點子

火星的地表肯定沒有任何海洋，但仍然有大量的地上冷凍水和地底深處液態水。火星就像地球一樣，南北兩極比赤道更冷，被許多冰層覆蓋。如果把那麼多的冰全部融化，火星就會被水覆蓋到三十公尺深，足夠未來生活在火星的人類飲用、游泳，並且建造主題公園滑水道。

如果我們想要在新家中擁有海洋和河流，只需將冰融化成水，並保持液態。但這很棘手，因為火星的表面極端寒冷，而且大氣層非常稀薄，任何露天液態水很可能會迅速凍結，或是在太空真空中沸騰成蒸氣。

好消息是，如果我們能找到方法來加熱火星，而且提供大氣層，那麼火星就可以擁有液態湖泊和海洋，並且離我們親愛的地球樣貌更近了一步。

☆使火星變溫暖

乍看之下，你可能會想像火星表面既溫暖又舒適。畢竟，火星閃耀著紅色光芒，而且看起來像沙漠一樣。但火星實際上

很冷，紅色來自於土壤中的氧化鐵，平均溫度為攝氏負六十三度，比地球南極的溫度低得多。

　　如果我們想打開火星上的恆溫器並使它成為一個更舒適的居住地，我們需要考慮行星溫度是怎麼來的，主要由兩個基本因素決定：

　　一、從太陽獲得多少熱量。
　　二、保留了多少熱量。

　　太陽系中的大部分熱量來自太陽，因此行星獲得熱量的多寡取決於它在太陽系中的位置。行星離太陽愈近，得到的熱量

就愈多。火星獲得了相當多熱量，這跟它是距離太陽第四近的行星有關，但是並沒有比地球多，因為地球更靠近太陽。

　　一種解決問題的可能方案是改變火星和太陽之間的距離。我們可以建造龐大到如同行星般大小的火箭，將它們綁在火星上，用來引導火星到更靠近太陽的軌道上。另一個較便宜但也較危險的想法是使用另一塊沉重的岩石做為重力拖船。如果我們能竊取一顆大型小行星並將它送入火星附近的軌道，重力效應可能會將火星拉向正確的方向。當然，前提是我們沒有將那顆小行星撞向地球。

　　如果這聽起來有點瘋狂，那麼也許我們應該考慮其他比較有希望的解決方案。例如，我們可以藉由幫助火星保留更多從太陽獲得的能量來提高火星溫度。行星不會穿蓬鬆的羽絨背心或派克大衣*1來保暖，但行星確實有大氣層。大氣層不僅適合呼吸，還能讓你欣賞美麗的落日；由於溫室效應，大氣層也可以像行星的夾克一樣，幫行星保暖。

大氣層：熱騰騰的配件

　　當來自太陽的光照射到行星上，會加熱行星表面的岩石、山脈和所有物體。而東西變熱時，會發出紅外線。[*2] 通常，這種能量會輻射到太空中然後消失。但是如果有大氣層，輻射就會被困在裡面。其中的關鍵就是大氣層含有二氧化碳（CO_2）。

　　二氧化碳就像一面單向玻璃，只吸收紅外線這種特殊的光。來自太陽的可見光在進入的過程中會穿過二氧化碳，但是當光以紅外線的形式反射時，會被二氧化碳層阻擋，能量就這麼困在裡面並使行星變暖。當然，你可以推論出二氧化碳過多也會導致行星過熱。

　　火星確實有大氣層，其中大部分（約百分之九十五）是二氧化碳。可悲的是，火星的大氣層非常稀薄。就壓力而言，火星的大氣壓力不到地球大氣壓力的百分之一。所以大部分落在火星上的陽光都會被輻射回太空。

---

*　2　那只是因為地球和火星比太陽涼爽。宇宙中的每樣東西都是依據自己的溫度來決定發光的波長。太陽發出的光在可見光譜中，而像地球這樣的行星發出的光在紅外線光譜中。

　　我們可以藉由大規模的大氣層改造和增加大氣層中的二氧化碳含量來使火星升溫。因為火星獲得的陽光比地球少，如果要獲得完全的溫室效應，火星實際上需要比地球大氣中更多的二氧化碳。那麼我們從哪裡獲得更多的二氧化碳呢？

　　直到最近，地球上的大部分二氧化碳都來自火山爆發。但火星沒有任何可以噴出二氧化碳的活火山。火星內部寒冷而堅硬，沒有為火山提供動力的熔岩河流。科學家認為，數百萬年前的情況完全不同，火星內部是高溫且熔融的狀態。但是火星比地球小，直徑大約是地球的一半，所以它比地球冷卻和硬化的速度更快，就像冬天早晨裡的小杯咖啡一樣。

　　一個小小的好消息是，火星已經擁有我們可以使用的少量二氧化碳來源。極地冰層並非都是由冰凍的水所構成，很多冰其實是冷凍二氧化碳。是的！這正是我們所需要的。如果我們能以某種方式融化兩極，就會釋放出大量的水，並釋放出一點點二氧化碳來幫助保持溫暖。

可惜的是，即使釋放了火星兩極所有的二氧化碳，能得到的二氧化碳也只有保持行星溫暖和舒適所需的五十分之一。

我們還能找到其他的二氧化碳來源嗎？實際上，太陽系的小行星和彗星中含有大量凍結的二氧化碳。一種可能的解決方案是派遣宇宙飛船去推動彗星撞擊火星表面。[*3]這將需要很多彗星，數量可能高達數千或數百萬顆。

在你開始建造控制彗星的宇宙飛船艦隊之前，還有一個問題：保持火星溫暖所需的二氧化碳量也會使人類呼吸的空氣有毒。我們的肺部可以容忍一點二氧化碳，但如果二氧化碳過多，你會開始感到昏昏欲睡、頭痛、大腦受損，最終死亡。很遺憾，用更多的二氧化碳覆蓋火星不會有什麼好結局。

不過，還有另一種加熱行星的方法。我們可以使用巨大的太空鏡子捕捉到更多的太陽光，並將太陽光引導到火星表面。鏡子要多大？為了蒐集足夠的光線來溫暖火星，我們需要火星大小的太空鏡子。工程雖然不小，但會提供我們在兩極釋放二氧化碳和水所需的熱量，讓火星變得更溫暖、更濕潤。

*| 3　真要這樣做，最好在我們派人過去火星之前完成。

☆好耶！氧氣

如果我們設法使氣溫恰到好處，並融化火星極地地區的冰層以形成新的河流和湖泊，我們還是要做很多工作，才能使火星成為地球的有力替代品。我們需要能夠呼吸的空氣。具體來說，我們需要氧氣！沒有人願意每次去野餐或向鄰居借麵粉時都要戴上呼吸面罩。

雖然氧在太陽系中非常普遍，但我們能夠用來呼吸的氧氣卻出奇的難找。人類的肺需要氧氣分子（O_2），它是一對連接在一起的氧原子。氧在宇宙中的數量十分充足，是較輕的元素之一，藉由恆星中心的核融合大量製造而成。但氧是一種非常友善的原子，它喜歡與周圍的一切事物結合。在火星上，水和二氧化碳中都含有氧，但幾乎沒有純氧氣。

在地球上，我們的空氣中含有大約五分之一的氧氣。就我們自己的案例而言，氧氣不是由地質活動形成，而是早期生命的副產品。地球上大部分的原始氧氣是由海洋中的微生物產生。這些早期的細菌遠在植物出現之前就進行了光合作用。

大約二十五億年前，這些小生物在此過程中吸收陽光、水和二氧化碳，並釋放出氧氣。當時沒有任何呼吸氧氣的生命，所以數百萬、甚至數十億年來，氧氣量穩定增加。後來，這些微生物被納入植物中，繼續不斷的產生我們呼吸所需的氧氣。

我們能以某種方式在火星上實現這一點嗎？聽聽下面這個很有希望的願景：有個小小的生物機器，利用陽光、新融化的水和富含二氧化碳的大氣為我們創造氧氣。更好的是，這些生

這下可好了，
先是彗星水，
接著是細菌屁？

物會自己繁殖，因此我們只需要在火星上種植幾批，它們就會自己繁殖更多。這就像在一個全新的平台上進行群眾外包[4]，然後我們可以用陽光來付費。

不過，像往常一樣，還有一個問題要解決。在地球上，這個過程花費很長時間，也許十億年。這對我們來說並沒有不方便，因為它早在人類存在之前就開始了。如果我們十億年前就在火星上啟動了這個計畫，那麼它現在可能已經準備好了。

如果沒有建造時間機器，我們是否一定要等待十億年才能讓火星擁有可呼吸的大氣層？微生物學家有很多技巧可以讓細菌生長得更快、工作得更努力（並縮短午休時間）。但對於微小的生物來說，這仍然是一項工程浩大的工作，即使是整個過程的加速版本，也可能需要數千甚至數百萬年的時間。

我們還有其他方法讓火星充滿氧氣嗎？一種解決方案是建造氧氣工廠，不以生物方式而以化學方式來生產氧氣。這聽起來像是科幻小說的劇情，但實際上，做為火星 2020 任務的一

---

*| 4　譯注：將工作外包給群眾的方式，維基百科即為一例。

部分，製氧設備的早期原型現在正在前往火星的途中[5]。美國太空總署製造這些機器主要是為了將氧氣做為火箭燃料，用於從火星採集樣本並返回地球的任務，但原則上，相同的概念可用於製造可供呼吸的氧氣。

這就像是好的空氣汙染。

☆磁場

一旦你花費數十億美元創造一個良好的大氣層（或奴役無數細菌來做這件事），你多半會希望大氣層留下來。如果你的大氣層像宇宙蒲公英絨毛一樣被吹走，那將是一場史詩般的失敗。

如果你認為太空中沒有風可以吹散大氣層，所以這件事不可能發生，那麼請容許我們向你介紹一種完全不同的風：太陽風。太陽風是由來自太陽的快速移動粒子組成，主要是質子和電子。製造所有美麗陽光的反應也同樣產生了太陽風。還有來自太空深層的粒子，稱為「宇宙射線」。這些粒子都是有害的。實際上，它們相當致命。太空中的太空人必須穿戴厚重的

*| 5　編注：火星 2020 任務於 2020 年 7 月 30 日發射，2021 年 2 月 18 日著陸。

防護罩，來保護自己免受這種有害輻射的傷害。只要有足夠的時間，這種高速、微小的子彈流能剝離任何行星的大氣層。

　　謝天謝地，在地球上我們有一個很棒的行星保護系統：地球磁場。當電子或質子撞擊磁場，它們會發生偏轉。地球磁場偏轉了許多來自太陽的有害粒子，使它們錯過地球或螺旋上升到兩極，並在兩極產生耀眼的極光。沒有地球磁場，我們就會受到有害的太陽輻射衝擊，這也會剝離我們的大氣層。

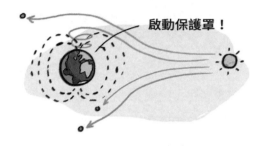

啟動保護罩！

　　不幸的是，火星沒有地球那樣的行星磁場。在地球上，我們的磁場是由在星球內流動的熔融金屬流產生。然而，火星是一顆較小的行星，由於它比地球更早冷卻，因此凍結了內核並關掉了磁場。沒有磁場，火星表面上的任何人都需要嚴密的輻射防護，例如襯有鉛的厚衣服。你在火星出門跟小孩踢球時，絕對不想每次都要穿上這東西（「爸、媽，我要尿尿……」會成為父母的惡夢）。沒有磁場，你創造的任何大氣層最終都會被吹走。這在火星上是一個比在地球上更大的問題，因為火星的引力較弱，所以更難將空氣分子保持在表面。

　　我們可以藉由加熱地核，使那些金屬再次流動，來重新啟

動火星磁場，但是啟動整個行星的工程規模之大，連我們都無法想像。

不過還是有希望。也許我們可以建造一些有同樣功能的東西。美國太空總署工程師提出了建造人造磁護罩的聰明想法，但他們並沒有試圖將磁護罩包裹在整個星球上，而是建議使用一個靠近太陽的較小版本。靠近太陽會讓磁護罩投下更大的磁性「陰影」。磁護罩將位於太陽和火星之間的空間，偏轉大部分的太陽風以防止大氣層被吹走。

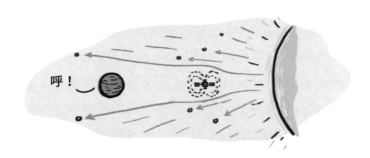

★其他家園？

總而言之，將火星變成像地球一樣的行星需要準備下列東西：（你可能會覺得工作量很大。）

♦ 一組巨大的太陽鏡子，用於聚焦陽光並溫暖行星。

♦ 大量工廠生產氧氣供我們呼吸。

♦ 太空磁護罩用於保護新火星人及火星大氣層免受太陽輻射的影響。

　　或許你認為，金星或月亮也在地球附近，會不會是更好的
選擇？

　　很可惜，金星的問題剛好與火星相反。金星表面覆蓋著大
量的二氧化碳，使得空氣帶有毒性並吸收熱量。由於金星比地
球更靠近太陽，它獲得更多的陽光，使表面溫度提高到攝氏
462 度。所有被捕獲的能量也使金星表面的大氣壓力變得非常
大，導致我們發送到金星的太空登陸載具只存活了幾分鐘就被
壓碎。

　　當然，這並沒有阻止一些思想狂野的科學家提出古怪想
法：如果從金星舀出二氧化碳（使用巨大的勺子？）並使用太
空鏡子來偏轉一些陽光呢？那會讓金星適合居住嗎？其他人則
建議建造漂浮在金星表面上方五十公里的雲端城市。溫度和
壓力在那個高度實際上與地球相似。可惜的是，那些雲是由
硫酸組成的，這使得房地產廣告文案的編寫有點棘手（「住在
金星上！這些美麗景色讓人看了忍不住屏住呼吸……字面意
思！」）。

我的天才想法

月亮就更近了，但坦白說，它不夠大。月亮的質量大約是地球的百分之一，這使得它的重力非常微弱，無法抓住任何大氣層。空氣中的單個粒子經常會飛向太空，所以即使我們從地球進口空氣的組成成分，空氣也會在一百年內消失。

所以在地球附近，火星確實是最好的選擇。

★ 我們應該搬家嗎？

火星可能是我們第二個家園的最佳候選者，但絕對需要重大的改造計畫。讓火星適合居住可能需要花費數兆美元，而且可能需要數千年的時間。這還只是初步的估計。承包商在開工後，總是想辦法向你收取額外費用。

當然，這一切都取決於我們有多大的動力展開行動。也許因為一顆巨大的小行星即將撞擊我們，所以我們需要離開地球。或者，也許我們破壞了氣候，使得地球在未來變得比火星更不適合居住。

如果有適當的誘因，建造規模巨大的太陽鏡子陣列和氧氣工廠可能是我們最好的選擇。我們這樣來看：火星的表面積約為 1.45 億平方公里（或 145 兆平方公尺）。因此，如果我們最終花費數兆美元讓火星適合居住，它仍然比在加州購買房地產便宜。

18.

我們可以建造曲速引擎嗎？

宇宙浩瀚無比，充滿了讓我們樂於探索的迷人祕境。可惜的是，我們似乎無法觸及這一切。

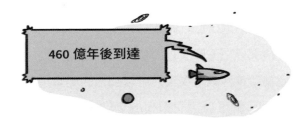

正如我們在第 8 章〈什麼因素阻止我們星際旅行？〉中所瞭解到的那樣，即使我們可以讓宇宙飛船合理達到光速的一部分，也需要數十萬年才能到達銀河系的另一端，更不用說訪問其他星系（多於數百萬年），甚至超越可觀測宇宙（數千億年之外）。

「沒有任何東西能在空間中移動得比光速還快」是個十分明確的限制。像這樣的事實，即使在物理定律中，也很少有規

則比它還要難改變。這個限制是基於我們對愛因斯坦狹義相對論的理解，狹義相對論已經徹頭徹尾、從上到下都測試、探索並驗證過了（真的，我們已經從裡到外嘗試了一切）。

我早就跟你說過了，這是真的！

如果要抵達遙遠的宇宙邊際，目前看起來，似乎我們唯一的途徑是成為太空探索文明，而且得歷經無數個世代，緩慢的在行星之間跳躍前進，旅行時間可能長達數百萬或數十億年。

然而，情況似乎不應該是這樣。我們深深受到電影和書籍的影響，認為宇宙應該是在我們可以到達的範圍之內，只要使用正確的技術，就可以建立龐大的太空帝國或去探索其他星系。你只需跳上宇宙飛船，按下一個按鈕，咻的一聲進入「超空間」，星星在面前閃爍，光和能量在周圍旋轉，然後砰的一聲，就到達了數百萬光年之外。

你所需要的是⋯⋯曲速引擎。

但什麼是「曲速引擎」？它是只出現在小說世界中的機器，還是物理學家已經認真考慮過的東西？科學家視為圭臬無法挑戰的宇宙速限有可能突破嗎？讓我們按下按鈕，看看我們是否可以改變答案。

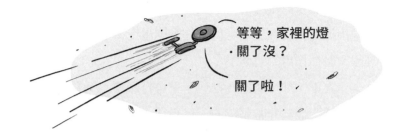

等等，家裡的燈
關了沒？

關了啦！

★讓小說成為現實

有許多科技進步似乎都是經過以下流程發生：

第一步：科幻小說作者發明了新的小工具，哈囉！科學
　　　　家。

第二步：物理學家想出如何使小工具在理論上可行，哈
　　　　囉！工程師。

第三步：工程師弄清楚如何構建它，並估計製造成本。

第四步：等等等，以下步驟省略，現在它安裝在你的智慧
　　　　型手機裡。

物理學家工作清單：
曲速引擎、
光劍、
漂浮滑板……

就曲速引擎而言，科幻小說作者在第一步中做得很好，他們想像出攜帶式曲速引擎可以帶你飛向星空探索宇宙。現在是物理學家發揮作用的時候了。

乍看之下，你可能認為物理學家會打回票。畢竟，曲速引擎似乎打破了他們非常堅持的一條鐵律：比光速更快的到達某個地方。在這一點上，物理學不會動搖或讓步。不過，正如同大多數青少年都知道的，如果你一開始沒有得到喜歡的答案，就試著問不同的問題！

例如，如果你問說：「我們能建造出比光速更快的宇宙飛船穿越空間嗎？」答案是否定的。但如果你換個方式問道：「我們能建造出比光速更快到達目的地的宇宙飛船嗎？」那麼你可能會注意到物理學家會在扭扭捏捏一陣子之後，最後承認「也許可以」。每個青少年都知道「也許」是個代碼，意思是媽媽說「我想說不，但我需要向你爸確認」。

這兩個問題的主要區別在於「穿越空間」一詞。如果你閱讀狹義相對論的細則，就會瞭解到，速度限制適用於在空間中移動的物體。到目前為止，這似乎並沒有給出任何一點頭緒，難道不是所有東西都在空間中移動嗎？答案是肯定的，但漏洞在於空間是……可塑的。

條件可能會變化。若用戶因不負責任的使用空間而招致任何損失，宇宙概不負責。

當你有了物理學家，誰還需要律師啊！

從物理學的角度來看，我們可以從以下三種方式看到曲速引擎的可行性：

◆ 超空間曲速引擎。
◆ 蟲洞驅動曲速引擎。
◆ 空間彎曲曲速引擎。

讓我們深入瞭解這些想法，探討曲速引擎在理論上是否合理，甚至是否可行。

★超空間（次空間或高維空間）曲速引擎

在許多科幻小說中，讓曲速引擎得以實現的漏洞是，離開我們正常空間（宇宙速限適用的地方），並進入其他類型空間。據推測，你在其他空間中可以比光速更快，或者其他空間以某種方式將你所在的地方與你要去的地方連接起來。只需要在超空間中旅行一段時間，就能滑回正常空間。

　　這種方法在小說中是可行的，人物和故事無需在宇宙飛船中度過數千年就能夠跨越整個星系。但這在真實物理學中有依據嗎？是否有另一種與我們宇宙平行的空間，而我們可以透過某種方式進出？

　　與此概念相關的常見想法是「額外維度」。如同大家所知，我們的空間有三個獨立的可能移動方向：你可以稱它們為 x、y 和 z，但這些只是任意名稱。一些物理學家懷疑可能有更多方式可以移動，即空間的額外維度。

　　很難想像額外維度會如何運作或位於哪裡，但它經常出現在弦論和其他關於重力的創新理論中。根據這樣的理論，額外維度與我們所處的維度不同：它們圍繞著自己捲曲，並且對於粒子如何通過它們有不同的規則。

　　這看起來很像我們正在尋找的東西，對吧？不同空間的不同部分有新的規則。可惜的是，它並不像聽起來那麼有用。

　　額外維度如果存在的話，並不是與我們空間平行的另一種空間。它們只是現有空間的延伸，不會讓你離開目前所在的空間，只是為你的粒子提供了更多搖擺或抖動的方法。這就像在你的郵寄地址中添加另一行。它能更準確的說明你的位置，但不會為郵差提供任何捷徑，使你的郵件更快到達。

　　有一種真實的物理理論與超空間想法非常吻合：多元宇宙。這個想法是說其他宇宙可能存在，要嘛是我們的替代版本（在量子事件中分裂），要嘛是其他具有不同物理定律或不同初始條件的空間。

　　如果有其他宇宙，它們能讓我們跳過自己的宇宙嗎？只有

當它們比我們的宇宙更小，或具有更高的速度上限，並且以某種方式在幾個不同的地方連接到我們的宇宙時，才有可能辦得到。你可以用這種方式跳入那個宇宙，旅行一小段距離，然後在離你出發地點很遠的地方連回我們的宇宙。嘿，也許另一個宇宙確實看起來像條充滿光和能量的旋轉隧道。

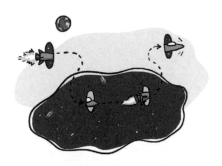

　　很遺憾，多元宇宙仍然是非常偏向理論的想法。除了解釋我們宇宙一些稀奇古怪的事之外，沒有任何理由認為它確實存在。即使其他宇宙確實存在，物理學家認為它們吸引人的地方在於：獨特的物理規則或交替的量子變化。這些特性也可能使我們的宇宙無法與它們交互作用。因此最可能的情況是，我們永遠無法連接不同的宇宙或在不同宇宙間旅行。

★蟲洞驅動曲速引擎

在我們宇宙中有些奇異的角落，那裡的空間被彎曲得面目全非，就像我們從來不知道的地方。在這類神祕角落中，最著名的成員是黑洞。我們絕對不會推薦你去參觀這個地方，因為很難在那裡生存，並且無法返回。

但在理論上，其中有一個奇怪的空間摺疊，可能會讓你比光速更快到達遙遠的恆星，那就是蟲洞。

蟲洞在科幻小說中隨處可見。作家將它們用作遙遠地點之間的捷徑，打開通往鄰近星系的門戶，建造每個房門都通往不同星球的異國房屋，或者將行星連接成一個銀河帝國。藉由這種方式，你可以將蟲洞想像為曲速引擎的基礎：當你按下按鈕時，就會打開並穿過一個連接到太空其他地方的蟲洞。

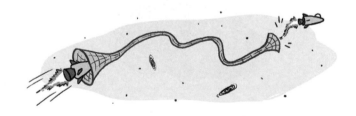

猛一看，蟲洞似乎完全不可能。根據物理學，難道這不算是犯了旅行得比光速還快的大禁忌嗎？確實，從 A 點到 B 點的旅行受到光速的限制……但前提是你要穿過它們之間的所有空間。

雖然物理學無法改變規則，但事實證明，規則本身允許一些空間彎曲和奇怪的聯繫。提到空間時，你可能會把它想像成宇宙活動的平坦背景。但空間比這有趣得多，它可以有各種有趣的形狀，可以用各種方式連接。空間不僅僅是背景，而且實際上是動作的一部分，因為它會對其中的物質和能量做出反應。物質和能量告訴空間如何彎曲，空間告訴物質如何運動。這就像一場宇宙探戈。

如果空間完全是空的，那空間當然既枯燥又簡單。但是如果你在空間中放一個又大又胖的恆星，空間就會彎曲。意思是恆星改變了空間的形狀，並讓物質沿著空間的形狀找到新的彎曲路徑。這就是為什麼即使光子沒有質量，也仍然在大質量物體周圍彎曲。光子只是跟隨彎曲空間的曲率。物理學告訴我們，空間可能具有任何平滑變化的形狀，蟲洞是其中之一，它是一種奇怪的空間變形，連接兩個距離遙遠的點。

蟲洞實際上與黑洞有著密切的關係。製造蟲洞的一種方法是透過奇異點連接兩個黑洞，奇異點是每個黑洞中心的無限密度點。如果兩個黑洞相距很遠，那麼蟲洞就像一條穿越空間的捷徑，在兩點之間建立了聯繫。

但是這種蟲洞對我們沒有任何幫助。為什麼？因為即使你在進入第一個黑洞後倖存下來（正如我們先前所討論的，這本身就是個棘手的命題）並前往蟲洞的另一邊，你仍然會被困在另一個黑洞中！你可能已經以比光速更快的速度前往太空的另一部分，但你永遠無法離開那個地方。

能讓你從另一邊逃出的蟲洞才對曲速引擎有用。要做到這一點，唯一方法是製造一個蟲洞，將黑洞連接到「白洞」。正如我們在第 5 章〈如果我被吸進黑洞會怎麼樣？〉中提到，白洞是廣義相對論預測的理論天體，與黑洞相反。在白洞裡，東西可以逃脫，但永遠無法進入。因此，我們可以把白洞想像成蟲洞的出口。

顯然，將這種蟲洞用於曲速引擎的方法存在一些問題。

首先，它是一種單向連接。你或許能掉進黑洞，穿過蟲洞，然後從白洞出來，但你不能反其道而行。如果你已經知道如何建造蟲洞並移動它們的末端，那對你來說可能不是問題，因為你可以再造一個回去。

其次，你可能很難在整個經歷中倖存下來。進入黑洞並非

易事。即使你為了避免被黑洞的重力潮汐力撕成碎片，選擇一個大黑洞當做入口，但你仍然必須在通往黑洞中心的旅程中倖存下來。更何況，你要如何擠壓自己來通過奇異點？

為此，物理學確實有一個很酷的答案：選擇一個旋轉的黑洞。我們更喜歡這種黑洞，因為它的中心不是一個小點，而是一個旋轉的環。這是為什麼？落入黑洞的物體有可能先在吸積盤中圍繞中心旋轉。當物體進入奇異點時，角動量不能就這樣憑空消失。由於奇異點沒有大小，不能旋轉，所以它沒有任何角動量。因此具有角動量的黑洞中心有一個環！如果這個黑洞連接到一個白洞，那麼原則上你可以穿過那個環進入白洞。

蟲洞也很難保持開放。旋轉黑洞理論預測蟲洞很容易坍塌。中心奇異點的環往往會被夾斷並形成兩個各自具有奇異點的獨立黑洞。當這種情況發生時，你絕對不想處於中間位置。

將蟲洞用於曲速引擎的最後一個問題是，到目前為止，這一切都是理論。沒有人見過蟲洞確實存在的證據。所有這些有趣的想法都依賴於廣義相對論的正確性（而到目前為止，它已經通過了所有實驗測試），但我們不知道它在超級極端的狀況下是否正確，比如黑洞中心，在那裡可不能忽視量子物理。

　　我們知道黑洞存在（我們已經看到了），但蟲洞和白洞仍然只是停留在想法階段。我們甚至不知道如何製作它們。還沒有人找到製造蟲洞的祕訣，更不用說如何指定它連接空間中的哪些點了。請想一想：你的宇宙飛船需要有能力創造一種特定類型的黑洞，然後以某種方式將它連接到很遠的白洞。

　　儘管如此，如果你能找到一個蟲洞，或者想出如何讓宇宙按照命令製造一個蟲洞，就可能把它們用在曲速引擎上，到達宇宙的另一端。

黑洞展示

我現在展示
曲速引……
喔啊哇……

★空間彎曲曲速引擎

　　因此，如果超空間不是真的存在，而且蟲洞最終太危險而無法進入，那麼還有其他聰明的物理漏洞可以用來製造曲速引擎嗎？事實證明，答案是肯定的。

　　空間比我們最初想像的要有趣得多。空間不是「什麼都沒有」，而是一種可以擺動（如重力波）、彎曲（就是重力）和膨脹（正如我們在暗能量和宇宙膨脹中所見）的東西。空間似乎可以根據周圍的質量和能量進行拉伸或壓縮。

那麼，如果我們不是像銀河系新手那樣穿越 4.2 光年的空間，而是擠壓所在地和我們嚮往地方之間的空間呢？如果我們同時擴大身後的空間呢？

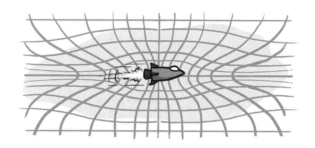

這個想法是減少你必須穿過的空間量。你可以擠壓面前的空間，穿過它，然後擴大你身後的空間，讓它恢復正常。例如，每個步驟都會是這樣：你把前面一千公里的空間壓縮到十分之一奈米，接著移動十分之一奈米，然後將身後的空間擴展回原來的一千公里。最終的結果是你只移動了十分之一奈米，但你實際已經穿越了一千公里。

如果你能不斷這樣做，你的宇宙飛船就會待在一種反轉的曲速氣泡[1]中，以驚人的速度推動你前進。對於反轉氣泡內的你來說，原本必須穿越的 4.2 光年距離變成 4.2 公里。當你到達那裡時，把船從氣泡裡彈出來，目的地一轉眼就到了！

這有點像走自動人行道，而不是真正走路。物理學對你沿著人行道移動的速度非常嚴格，但對人行道本身的移動速度沒

*| 1　譯注：這種反轉的曲速氣泡能在宇宙飛船周圍創造出正常的時空。

有速度限制。同樣的,物理學也沒有限制空間可以用多快的速度拉伸、壓縮或移動本身。

　　但要如何使空間縮小或擴大呢?這又是什麼意思呢?

　　使空間縮小或彎曲實際上並不會太棘手。你現在就在做這件事。每次你去甜點吧台增加體重時,你都會做得更好。任何有質量的東西都會改變空間的形狀。這也是地球圍繞太陽運行的原因:因為太陽的巨大質量使空間的形狀彎曲,就像是彈跳床上的保齡球一樣。本質上的彎曲改變了時空之間的相對距離。

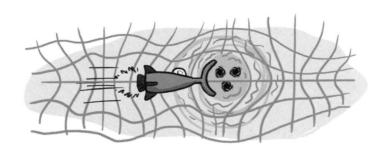

　　遺憾的是,雖然物理學家知道曲速氣泡滿足廣義相對論方程式,但他們不知道如何安排物質和能量來製造曲速氣泡。這就像有個複雜甜點的想法,但不知道該怎麼烘焙出來。

　　最棘手的部分是曲速氣泡的後半部分必須擴大空間。我們知道質量和能量可以壓縮空間,但是要如何擴展空間呢?宇宙中的所有空間目前都在膨脹,就像在大霹靂後的最初幾分鐘那樣,而且膨脹正在加速。我們說這是由於暗能量,但這並不代

表我們知道暗能量是什麼東西。實際上正好相反：「暗能量」只是我們用來描述宇宙不斷膨脹的術語。實際上，我們並不知道導致宇宙膨脹的是什麼東西。

為了以人工的方式擴大空間，物理學家提出了另一個瘋狂的想法：如果能用正質量縮小空間，那麼能用負質量擴大空間嗎？

負質量？這是什麼意思？據你所知，你周圍的一切要嘛是零質量（光子）要嘛是正質量（你、物質、香蕉）。這就是為什麼我們說重力是一種純粹的吸引力。與可以吸引（冰箱磁鐵）或排斥（磁懸浮列車）的磁性不同，重力似乎只有吸引，這全是因為我們只看到了正質量。

負質量有可能嗎？這在理論上是可能的，但迄今為止，沒有人見過任何具有負質量的物質。負質量物質將會是非常奇怪的東西，有難以理解的行為。正質量吸引，所以如果我們把一團正質量放在負質量旁邊，負質量會推開正質量，但正質量會拉住負質量。就像一部青春偶像劇，你永遠不知道誰在追誰，劇情很快就會變得混亂。

假設現在我們找到了一種製造負質量的方法，那麼我們真的可以製造出這樣的曲速引擎嗎？遺憾的是，還是有其他限制。讓空間擴大和縮小並不是一件便宜的事情。它需要能量。

物理學家初步估計，彎曲曲速引擎前方空間所需的物質或能量比宇宙中所有物質都大。這顯然行不通。計算稍作調整之後，估計值降低到需要相當於木星整個質量的能量。當你到達另一個星系時，一個那麼大的油箱可能會讓你的宇宙飛船很難併排停車。

有些人進一步討論將所需能量降低到合理的範圍，例如相當於一噸質量的能量。但到目前為止，科學的研究水準尚停留在「物理學家在休息室的討論話題」，還沒有人真正建造或測試過一台空間壓縮機，所以這款曲速引擎的未來還相當遙遠。

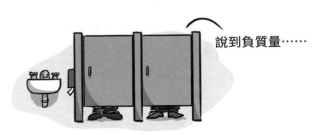

曲速引擎討論會

★扭曲的答案

　　儘管我們很想找到宇宙速限的漏洞並征服星星，但曲速引擎的想法似乎仍然屬於虛構的銀河太空歌劇領域。但與往常一樣，不要忘記宇宙是不可預測的，人類的進步和創造力仍在上升。也許有一天我們會找出創造黑洞和白洞的技術，以及將它們跨空間連接起來的細節。或者，也許有一天我們會發現負質量和利用能量的新方法來製造設備，讓我們擠進曲速氣泡，壓縮前往其他星系的空間。

　　確實有很多「也許」。但是如果你問你爸，他可能會對你找的麻煩睜一隻眼閉一隻眼。

19.

太陽什麼時候熄滅？

我們陽光燦爛的日子屈指可數。

太陽位於一億五千萬公里之外，對我們來說就像是個穩定強大的存在，日出不窮，毫無例外，為我們帶來源源不絕的生命能量射線。但是物理學家對太陽的看法非常不同。

喔哦。

對於物理學家來說，太陽是一顆不斷爆炸的核彈。激烈的動盪釋放出巨大能量，過程僅僅靠太陽重力的絕對力量來控制。下次午後你享受燦爛的陽光時，請記住，你是在用核爆的光芒溫暖腳趾頭。但物理學家也知道，在這種令人難以置信的動盪現象之下，有一些機制正在密謀結束它，而且有個內部時

快找掩護！

鐘在穩定的倒數計時。太陽物理學顯示，閃耀的日子總有結束的一天。

這究竟是會很快發生，還是我們仍有數十億年的時間來計劃？讓我們看看到底還剩下多少個晴天。

★一顆恆星的誕生

五十億年前
太陽年齡：零歲

要瞭解太陽為什麼會死和何時死亡，首先，我們必須回溯到它的起源。

太陽的誕生不是發生在火熱、戲劇化的事件中，甚至連一點輕微的爆炸也沒有，反而是由氣體和灰塵逐漸積聚而成。大部分氣體是純粹的舊氫氣，自從有宇宙以來，氫一直是宇宙中最常見的元素。但也有其他更重的元素，是在我們的太陽出現時，附近恆星曾經存在又死亡所遺留的殘餘部分。

重力是宇宙中最弱（但最持久）的力，把巨大的漩渦雲慢慢聚集在一起。但是，在熾熱的漩渦雲中，氣體和塵埃粒子移

過熱到無法凝聚

動得太快，無法完全被重力聚集在一起，因此無法形成緻密的團塊。

科學家不確定到底是什麼原因觸發了太陽形成。可能是磁場有助於捕獲粒子，並將它們引導在一起。或者可能是一些外部事件，比如來自附近超新星的衝擊波，將氣體粒子緊緊的推擠在一起。或許只是時間問題：氣體雲最終冷卻了，移動速度較慢的粒子開始向中心下落。

不管是什麼原因，最終有足夠多的東西聚集在一起，開始了一個失控的過程。氣體和塵埃聚集在一處，導致重力更強，吸引更多的氣體和塵埃，從而導致更大的重力，以此類推。最終，足夠的氣體和塵埃聚集在一個地方，形成一顆恆星。從那時起，事情真正開始升溫。

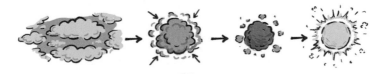

恆星誕生

★核融合的反擊

四十九億年前
太陽年齡：一億歲

　　大約十萬年後，重力已經將一大片以氫為主的雲聚集在一起，完成了工作。起初，每個分子都在抵抗。因為質子的正電荷會相互排斥，所以它們不喜歡被擠得那麼近。讓兩個質子靠在一起就像試圖把貓放進一桶水裡——你必須真的很想要才能做到。幸運的是，重力從未放棄。隨著時間的推移，累積的巨大質量不斷的將質子推到一起，直到最終有東西斷裂。

　　如果質子靠得夠近，就會克服排斥力並開始互相吸引。那是因為一種不同的力量開始起作用，即強核力。顧名思義，強核力非常強大，這可能是粒子物理學中唯一一個很好命名的東西。在長距離上，它不是很強大，但在短距離上，它比使質子分開的電排斥力要強得多。一旦這種強大的力量將質子聚集在一起，就會發生不可思議的事情：核融合。

　　兩個氫原子的原子核黏在一起，經過幾個步驟後，最終形成一種新元素，也就是氦。幾個世紀以來，人們一直試圖將某種元素轉化為另一種元素（通常是想將鉛轉化為金），但由於長時間的失敗，以致整個努力（也就是「煉金術」）被認為是

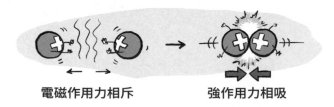

電磁作用力相斥　　　　　　強作用力相吸

不折不扣的失敗。事實證明這是完全可能的，但只有在特殊條件下才會發生，比如在太陽的中心。[*1]

　　將氫融合成氦的驚人之處在於，它會釋放大量的能量。產生的氦實際上比原來的氫原子質量更小，額外的質量轉化為能量，然後被微中子和光子帶走。如果你對建立鍵結如何釋放能量感到困惑，請考慮相反的情況：斷開鍵結通常需要能量。

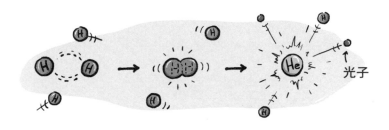

光子

　　這個簡單的機制照亮了整個宇宙。因為核融合發生在無數恆星的內部，所以我們不必生活在黑暗之中。重力使這一切成為可能，它將不情願的質子推到一起，直到質子發生核融合。但現在強烈的反作用力出現了。

　　核融合反應釋放的能量衝出來，將所有東西向外推，並阻止重力進一步將質子擠壓在一起。突然之間，我們在一場史詩般的拔河比賽中，看到了兩種宇宙力量：重力將所有的東西擠壓在一起，而核融合釋放出的能量推回給重力。兩種力量陷入了持續數十億年的太陽僵局中。

---

*| 1　核融合只有在有足夠的質量，來產生將質子擠壓在一起所需的重力時才會發生。如果只有木星的質量，那麼就變成了一個行星。如果有木星一百倍的質量，它的核心就會開始發生核融合，變成一顆紅矮星。

★漫長而緩慢的燃燒

四十九億年前至未來五十億年

太陽年齡：一億至一百億歲

在接下來的一百億年裡，太陽就像個活躍戰場，夾在重力和核融合這兩個雄偉的力量之間。萬有引力是這部劇中最早的演員，不斷將恆星中的所有物質都擠在一起。但是核融合產生的能量將一切向外推。這顆恆星燃燒、發光並在不穩定的平衡中存活了數十億年。

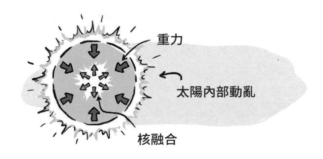

這就是我們現在的狀況。當你抬頭看太陽時（千萬不要直接看），你正在觀察一個同時在爆炸和坍塌的巨大球體。太陽內部發生的狀況很複雜，規模很難令人掌握。在中心的融合核心之外，還有厚約五十六萬公里熱浪洶湧的電漿層。從核心產生的光子不斷與層內物質碰撞反彈，直到五萬年後，能量才有機會自由爆發進入太空。再過八分鐘後，其中一部分的能量來到地球給我們帶來陽光。

在過去的四十九億中，太陽一直以這種方式燃燒，並且

在接下來的五十億年中還將繼續這樣下去。不過，重力和核融合之間的平衡不會永遠持續下去。在無聲無息之中，一個位於恆星內的時鐘已經開始倒數計時。

重力雖弱但卻無情。它會繼續把所有物質拉向恆星內部，直到永遠。然而核融合需要燃料（氫）並產生廢物（氦），這限制了核融合能夠持續多久的時間。起初，氦氣聚集在恆星的中心，在那裡慢慢積聚，不會打擾任何人。但最終，它會開始改變恆星。

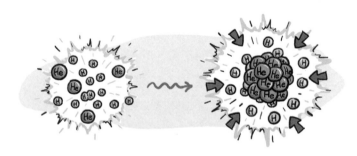

氦的密度比氫大，因此核心變得更重，大部分位於核心外的氫現在受到更大的重力擠壓。結果，外層有更多的核融合反應，這使得太陽更熱、更亮、更大。反應緩慢增長，每隔一億年，太陽的亮度就會增加百分之一。加總起來。四十億年後，太陽將比今天亮百分之四十九，導致我們的海洋沸騰。

隨著核融合燃燒得愈來愈熱，太陽變得愈來愈大。核融合似乎正在獲勝，但它消耗燃料的速度也愈來愈快，就像一個在狂歡的搖滾明星一樣，太陽最終會墜毀並且燃燒殆盡。

★在晚年變得更大

未來五十億至六十四億年

太陽年齡：一百億至一百一十四億歲

重力與核融合之間的戰鬥持續了數十億年，核融合似乎占了上風。在核融合開始一百億年後，它變得太過強大，導致它實際上逆轉了一些重力的成果，將太陽的外氫層推回外面。

大約五十億年後，屆時太陽將增長到目前的兩百倍，幾乎將地球和所有內行星都包裹起來。大部分的太陽將是蓬鬆的外氫層，相對於太陽的其餘部分，外氫層會比較冷。但是按照地球的標準，它會熱得無法忍受，使得太陽系內部的任何地方基本上都不可能有生命存在。

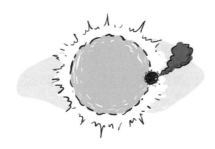

　　這一齣核融合力量的戲劇化表現是它最後的風光。將重力擊退後，核融合過度擴張並開始衰退。但在它最終屈服於重力之前，還有一個殺手鐧。

★最後一搏
未來六十四億至六十五億年
太陽年齡：一百一十四億至一百一十五億歲

　　在一百一十四億歲（距今六十四億年之後）時，太陽將燃燒完核心中所有的氫，耗盡提供動力的燃料後，太陽就不再能與重力鬥爭。雖然核融合可以繼續在核心周圍的氫層中燃燒，但它不能再抵抗核心內部的重力壓力。

　　不過，核融合還沒有結束。當重力將氦核壓縮得很厲害，把原子擠壓在一起時，核融合開始對氦做與氫相同的事情，電光火石間，氦原子開始融合成更重的元素，主要是碳。這裡的電光火石不是比喻，而是字面上的意義。當它被點燃時，氦融合會釋放出與整個星系一樣多的光。幸運的是，這發生在太陽內部，因此光線不會燒毀木星衛星上的人類殖民地。

　　核融合反應產生的碳集中在核心，使我們的太陽成為一個三層夾心，最裡面是碳，然後是氦，最後是氫。在較大的恆星中，還會循環繼續產生更重的元素。[*2] 但我們太陽的質量不足以融合碳，因此最終氦和氫耗盡，而太陽就這麼……消逝了。

　　這段氦融合以一聲巨響開始，但不會持續很長時間。雖然太陽燃燒氫一百億年，但它只會燃燒氦約一億年。

★木星變得瘋狂
未來六十五億年
太陽年齡：一百一十五億歲

　　隨著所有燃料耗盡，核融合消失。太陽的外殼將漂移出來並形成星雲，這是未來行星形成的原始材料。隨著核融合的消退，重力繼續在核心作用，將剩餘的元素聚集成一個非常熱的緻密團塊，稱為「白矮星」。這顆較小的恆星大約是太陽原始質量的一半，但被壓縮成一個等同地球大小的球體。

　　這使得在太陽膨脹中倖存下來的外行星進入危險狀態。因為太陽失去了一半的質量，所以對木星以外的行星沒有那麼大的牽引力，使得氣態巨行星的軌道放寬到與太陽原來距離的兩倍左右。

---

*　2　對於大質量恆星，核心的壓力變得如此之大，以致碳可以融合成氧，氧可以融合成氖，以此類推。每一步都更快。但在最大的恆星，核融合一直持續到恆星變成鐵為止。鐵不能自然的再繼續融合，因為它會吸收能量而不是釋放能量，所以鐵是核融合的盡頭。

太陽悶燒中

　　考慮到太陽之前的火熱行為，這聽起來是一個不錯的舉動，但也使得這些行星更容易受到經過附近的恆星影響，被重力牽引。在許多情況下，木星和土星的軌道變得更加混亂，將其他剩餘的行星（海王星和天王星）從太陽系中排出，直到只剩下木星和土星。最終，只剩一個圍繞太陽死亡核心運行的氣體巨星（可能是木星）。

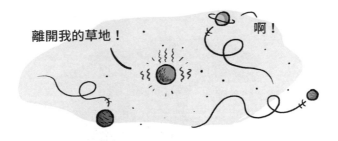

　　雖然此時沒有核融合發生，但白矮星仍然會發光。就像從鍛造爐中拉出的白熱金屬一樣，白矮星會因自身熱量而發光，並且持續很長一段時間。

　　現在太陽被卡住了。溫度不足以開始核融合，重力也不足以將原子擠壓得更近，使恆星進一步升級為中子星或黑洞。

★末日（從現在開始的數兆年）

　　白矮星會發光多久？我們實際上並不知道，因為我們從沒見過白矮星。物理學家認為，白矮星可能需要數兆年的時間才能冷卻下來，最終變成黑暗、緻密的質量，稱為「黑矮星」。但是宇宙的年齡還不足以讓任何黑矮星存在。

　　這意味我們的太陽可能會以白矮星的形式存在很長時間，甚至數兆年。它不會像年輕時那麼熱或那麼亮，但它可能夠溫暖，足以維持人類的生命，只要我們放棄木星上的臨時殖民地並在靠近它的地方定居。也許當我們坐在那顆白矮星的餘燼周圍時，人類會講述我們那個時代的生活，當時太陽還在燃燒，而人類認為理所當然。我們會回憶起太陽如何持續爆炸，好似陽光燦爛的日子會永遠持續下去。

20.

我們為什麼要問問題？

當然，我們把最精采的問題留到最後。

多年來，人們向我們提出許多非常有趣的問題。主題範圍差異很大，從複雜和小眾的（「如果光子沒有質量，為什麼會被重力彎曲？」）到深刻的（「為什麼宇宙會存在？」）。在本書中，我們試圖回答最常見的問題，這些問題涉及我們對宇宙的共同好奇心，而且人們似乎最為關心。

但是有一個常見的問題我們還沒有回答。事實上，這可能是我們最常收到的問題，我們甚至認為這是宇宙最重要的問題，因此我們把它留到最後。你準備好了嗎？那就是：

「這到底是什麼意思？」

好吧，這可能不是你所期待的問題。對你來說，這可能甚至不是一個完整的問題。從文法上講，你的高中國文老師會皺眉頭。儘管如此，它還是經常出現。

　　「這到底是什麼意思?」這問題的有趣之處在於,它不是人們想問的第一個問題。通常,我們會在他們的實際問題之後看到這個問題。例如,人們有時會寫信問我們:「嘿!丹尼爾和豪爾赫,宇宙真的有一百四十億年嗎?這到底是什麼意思?」或者是:「宇宙膨脹的能量從何而來?真的可以無中生有嗎?這到底是什麼意思?」

　　事實上,我們猜測大多數人甚至沒有想到自己會提出「這到底是什麼意思?」這個問題。然而,它通常就在那裡,人們最初希望我們回答各式各樣的問題,而它會隨意被添加到問題末尾。

　　乍一看,它可能看起來像是事後的想法或隨機寫下的話。但實際上,我們認為這是他們問題中最有說服力的部分。因為它反映了他們最初提出問題的真正原因。

　　以下是我們認為會發生的情況:人們通常會有一個最初的問題讓他們感到好奇。這個問題可能與宇宙的年齡有關,也可能與我們宇宙中物質和能量的性質有關。他們可能從我們的 podcast 中聽到或在其他地方讀到。無論如何,這些問題讓他們開始動腦思考,最終具體化成一個特定的問題。但是當問題離開他們的嘴或打字的指尖時,他們可能會產生一個想法:如果我得到了答案,該怎麼辦呢?當他們考慮到答案可能代表的所有後果時,內心一個小聲音在他們耳邊低語:這到底是什麼意思?

　　宇宙有一百四十億年的歷史是什麼意思?宇宙正處於從無到有的膨脹是什麼意思?

　　你看，知道一個問題的答案是不夠的。答案可能為「是」、「否」或者是「它來自真空希格斯漲落的史瓦西自我交互作用」，但最終細節並不重要。最重要的是答案的意義：它對你生活的方式有多麼重要。

　　你可能不認為「宇宙從哪裡來？」這個問題的答案可以改變你的生活。但即使答案不會以實際方式影響你的生活細節，它也可以改變更重要的事情，例如你的生活背景。

　　根本的答案會影響你如何看待自己，以及你與更廣闊宇宙的關係。例如，得知地球不是宇宙的中心，使人類意識到我們只是更大事物的一小部分，而且我們不在宇宙的主要舞台上。同樣的，發現宇宙中充滿智慧生命（或者這種智慧生命極其罕見，甚至我們是宇宙中唯一會思考的生命）會深深的影響我們看待自己的方式，也會影響我們對自己獨特程度的判斷。

　　正是對意義和背景的探索，賦予這些問題宇宙般的力量。我們不僅想知道答案，還想要理解答案，因為這種理解改變了我們如何建構本身的存在，讓我們離開原本以為的生活舞台，並揭露我們一直在完全不同的舞台上跳舞。

　　科學問題的答案最令人著迷之處在於，它們就在我們的掌握之中。對於本書中的每個問題、你可以想像的每個科學問題，都有一個答案。答案可能隱藏起來，或者很遠，或者規模太小，以致我們現在無法看到，但答案就在那裡。

　　也許有一天，我們能夠回答本書中的所有問題。但即使如此，我們可能也別無選擇，只能在最後加上聽眾提出的相同問題：這到底是什麼意思？

　　我們在本書中無法回答「為什麼？」這個問題。因為每個人的答案都不同。我們都可以定義自己的背景，並在這個宇宙中找到自己的意義。正是提出這些問題才能揭示：我們是誰，以及我們為什麼要尋找意義。

　　所以，你的常見問題是什麼？

致　謝

我們收到的另一個常見問題是：「你們如何抽出時間寫書？」答案是：「因為有很多人的幫助！」

我們感謝審閱早期手稿的朋友和同事：Flip Tanedo、Kev Abazajian、Jasper Halekas、Robin Blume-Kahout、Nir Goldman、Leo Stein、Claus Kiefer、Aaron Barth、Paul Robertson、Steven White、Bob McNees、Steve Chesley、James Kasting 和 Suelika Chial。

特別感謝我們的編輯寇特尼・楊（Courtney Young）一直以來對我們的信心和信賴，以及她堅定的指導；並感謝塞思・菲斯曼（Seth Fishman），他總是為我們的工作找到合適的位置。感謝 Gernert 公司的整個團隊，包括 Rebecca Gardner、Will Roberts、Ellen Goodson Coughtrey、Nora Gonzalez 和 Jack Gernert，以及他們的國際同行。

非常感謝 Riverhead Books 的所有人為本書的製作和發行付出時間和才華，包括 Jacqueline Shost、Ashley Sutton、Kasey Feather 和 May-Zhee Lim。我們還要感謝 Georgina Laycock 為本書（和書名！）的想法播下種子，感謝 John Murray 的整個團隊。

　　一如既往，豪爾赫感謝家人的持續支持和鼓勵。

　　最重要的是，我們感謝多年來一直關注我們工作的讀者、聽眾和粉絲，感謝各位提出精采問題。

國家圖書館出版品預行編目 (CIP) 資料

宇宙大哉問：20 個困惑人類的問題與解答／豪爾赫・陳
（Jorge Cham），丹尼爾・懷森（Daniel Whiteson）著；
徐士傑，葉尚倫譯 . -- 第一版 . -- 臺北市：遠見天下文
化出版股份有限公司 , 2022.08
　面；　公分 . --（科學天地；183）
譯自：Frequently asked questions about the universe
ISBN 978-986-525-746-0（平裝）

1.CST：宇宙　2.CST：通俗作品

323.9　　　　　　　　　　　　　　　　111012345

科學天地 183

宇宙大哉問
20 個困惑人類的問題與解答

Frequently Asked Questions about the Universe

原　　著 —— 豪爾赫‧陳（Jorge Cham）、丹尼爾‧懷森（Daniel Whiteson）
譯　　者 —— 徐士傑、葉尚倫
科學叢書策劃群 —— 林和（總策劃）、牟中原、李國偉、周成功

副社長兼總編輯 —— 吳佩穎
編輯顧問 —— 林榮崧
責任編輯 —— 吳育燐
美術設計 —— 黃秋玲

出 版 者 —— 遠見天下文化出版股份有限公司
創 辦 人 —— 高希均、王力行
遠見‧天下文化 事業群榮譽董事長 —— 高希均
遠見‧天下文化 事業群董事長 —— 王力行
天下文化社長 —— 王力行
天下文化總經理 —— 鄧瑋羚
國際事務開發部兼版權中心總監 —— 潘欣
法律顧問 —— 理律法律事務所陳長文律師　　著作權顧問 —— 魏啟翔律師
社　　址 —— 台北市 104 松江路 93 巷 1 號 2 樓
讀者服務專線 —— 02-2662-0012　　　　　　傳真 —— 02-2662-0007；02-2662-0009
電子郵件信箱 —— cwpc@cwgv.com.tw
直接郵撥帳號 —— 1326703-6 號 遠見天下文化出版股份有限公司

電腦排版 —— 黃秋玲
製 版 廠 —— 東豪印刷事業有限公司
印 刷 廠 —— 柏皓彩色印刷有限公司
裝 訂 廠 —— 台興印刷裝訂股份有限公司
登 記 證 —— 局版台業字第 2517 號
總 經 銷 —— 大和書報圖書股份有限公司 電話／02-8990-2588
出版日期 —— 2022 年 8 月 31 日第一版第 1 次印行
　　　　　　2024 年 10 月 4 日第一版第 2 次印行

定價 —— NTD450 元
書號 —— BWS183
ISBN —— 978-986-525-746-0 ｜ EISBN 9789865257446（EPUB）；9789865257453（PDF）

天下文化官網 —— bookzone.cwgv.com.tw